アーノルド元帥と米陸軍航空軍

源田　孝　著

芙蓉書房出版

U.S.

Your limit are somewhere up there, waiting for you to beyond infinity.

Henry H. "Hap" Arnold

君の限界はどこかにあるのだろうが、その限界を超えた彼方で君を待っている。

ヘンリー・H・"ハップ"・アーノルド

『アーノルド元帥と米陸軍航空軍』正誤表

このたび本書に次の誤りがありました。訂正してお詫び申し上げます。

ページ	行	誤	正
60	最終行	イツ空	ドイツ空
66	最終行	対日昨戦計画	対日作戦計画
141	10行目	航空壊製造工場	航空機製造工場
158	5行目	P-36	P-38
173	10行目	頭部旋回砲塔	機首部旋回砲塔
203	2行目	B-29	B-29
207	1行目	B-28	B-29
246	5行目	第二一航空軍	第二〇航空軍

芙蓉書房出版

はじめに

古来より大空は、人類にとって新たな可能性を秘めたフロンティアであり、旧来の慣習に縛られない自由な領域とみなされていた。アメリカのライト兄弟がライト・フライヤー号によって世界で最初に飛行に成功したのは一九〇三年一二月一七日のことであった。

その後、航空機はヨーロッパで発展を遂げ、一九一一年のイタリア・トルコ戦争や一九一二年のバルカン戦争では軍事目的に使用された。この時の航空機の任務は偵察や連絡であったが、イタリア・トルコ戦争中のリビアの戦闘では手投げ弾を投下している。

これらの戦争では、航空機の有効性は限定的であったが、航空機が初めて戦争に登場したという心理的効果は無視できないものがあった。陸上と海上という二次元空間に限られていた戦いの場が、航空機の出現で三次元空間へ広がると予想されたからである。

第一次世界大戦が始まると、航空機は更に発展し、一九一六年のヴェルダン攻防戦では、味方に対しては航空支援や防空、敵に対しては航空阻止や爆撃を行った。

また、ドイツ軍のツエッペリン飛行船やゴータ爆撃機によるイギリス本土爆撃のような航空機の戦略的運用が模索されはじめた。こうして、実験兵器でかつ陸軍の補助戦力にすぎなかった航空機は、第一次世界大戦を経て重要な兵器へと発展を遂げ、将来の戦争に計り知れない影響を与えることが期待された。

歴史的にみて、軍事力は、ランド・パワー、シー・パワーの時代を経て、二〇世紀初頭からエア・パワーの時代になった。航空機を文明として捉えた場合、勇気、敏速、清浄、技術、未来志向のイメージが強く、それは二〇世紀のモダニズムを象徴していた。

建国以来のアメリカの発展は、フロンティア精神による新世界の開拓が原動力であったが、二〇世紀に入り、アメリカからフロンティアが消滅した。時を同じくして登場した航空機は、アメリカにとって新たなフロンティアとしての魅力に溢れていた。また、大空の開拓は、世界国家として発展しようとしていたアメリカの時代精神にも合致していた。アメリカのエア・パワーは、このようなアメリカの歴史と時代精神を背景として発展した。

アメリカのエア・パワーの礎を築いたのは、陸軍のウィリアム・〝ビリー〟・ミッチェル准将である。ミッチェルは、空軍の任務は、陸軍や海軍を支援することではなく、戦略爆撃のような独立した結果を達成することであると説いた。爆撃機によって敵国の戦争遂行能力を破壊し、国民の戦意を挫くことによって戦争に勝利することができ、そして戦争は短期間で終わるため、人道的かつかつ経済的というものであった。

さらに、ミッチェルは、エア・パワーによって勝利を得るための鍵は、独立した空軍の存在にかかっており、空軍は航空兵科将校によって指揮されなければならないと説いた。そして、独立した空軍は、戦争に勝利してアメリカを防衛するだけではなく、陸軍や海軍よりも効果的に戦争を遂行することができると力説した。アメリカの航空関係者にとって、このようなミッチェルのメッセージは将来の福音となった。

ミッチェルが陸軍を去った後、若手パイロットの中に、ミッチェルを信奉する集団ミッチェル・スクールが生まれた。ミッチェル・スクールの将校たちの中で、リーダーだったのがヘンリー・アーノルドであった。アーノルドは、第一次世界大戦後の軍事予算が低迷していた時代に、ミッチェルのビジョンを実現すべく、エア・パワーの強化に務めた。

航空戦略家アレクサンダー・ド・セヴァスキーは、ローマがランド・パワー国家であり、イギリスがシー・パワー国家であったと同様に、アメリカはエア・パワー国家になると考えていた。そして、アーノルドは、アメリカが世界国家になるには、エア・パワーこそが重要な鍵になるとみていた。

一九二〇年代、航空先進国のイギリス、ドイツ、イタリア、フランスではすでに空軍は独立していた。アメリカでの空軍の独立は、ミッチェルの見果てぬ夢であり、アーノルドの願望でもあった。一九四一年に陸軍航空軍司令官に就任したアーノルドは、来るべき世界大戦でエア・パワーがいかに重要な戦力であり、いかに勝利に貢献するか、そして、いかにアメリカの国益に合致するかを政府や軍に知らしめて、空軍独立の悲願を果たそうとした。

一九四一年、アーノルドは、次の世界大戦のために、陸軍参謀本部計画部に作戦計画の作成を命じた。そうして出来上がった「AWPD-1（戦争計画部一号計画）」は、ドイツ全土にある目標の九〇パーセントを破壊するために必要な爆弾量を算定して、爆撃機、戦闘機、輸送機、練習機の所要を見積った。最終的に、作戦機二万四五〇〇機、練習機三万七〇〇〇機、合計六万八〇〇〇機、兵員はパイロット一〇万人を含む二一六万五〇〇〇人と算出した。陸軍航空軍の兵員を一〇〇倍に拡大する野心的な計画は承認され、これにより、陸軍航空軍の未来が決まった。

一九四二年、統合参謀本部が新設され、アーノルドは、陸軍参謀総長ジョージ・マーシャル大将とともに、陸軍航空軍を代表してメンバーの一人に任命された。ルーズベルト大統領は、アーノルドを実質的に陸軍と同格の軍種である空軍の参謀長として認めたのである。

アーノルドは、第二次世界大戦では、陸軍航空軍を引いて戦った。とりわけ、大型爆撃機のB-17、B-24、B-29を量産して、戦略爆撃によって枢軸国を敗北に追い込んでいった。

第二次世界大戦での連合国の勝利には、陸軍航空軍が大きく貢献したことから、一九四七年にようやく陸軍航空軍は、陸軍、海軍と同格の第三の軍種、空軍として独立し、アーノルドの努力は報われた。

本書は、アメリカ陸軍航空に大きな足跡を残した陸軍航空軍司令官ヘンリー・アーノルド元帥の一代記であるが、読者の理解を深めるため、陸軍航空の歴史とアーノルドに思想的影響を与えたウィリアム・ミッチェルの功績についても記述した。また、B-29を指揮して対日戦略爆撃を実行するとともに、後に空軍参謀総長まで累進したカーチス・ルメイについても記述した。これにより、ミッチェル、アーノルド、ルメイと続くアメリカ空軍における戦略爆撃思想の系譜の理解が容易になると思われる。

アーノルド元帥と米陸軍航空軍　目次

第1部

アメリカ陸軍航空の創生

第1章　陸軍の草分けパイロット

人間アーノルド

ヘンリー・ハーレー・アーノルドは、スポーツで鍛えた引き締まった肉体、若々しい容姿、快活で魅力溢れる性格、とりわけ人を魅了する微笑みの持ち主であったため、幸福（パッピイ）の略語「パップ」のニックネームで呼ばれていた。パップは、一九一一年に公開されたサイレント映画のスタント・パイロットの名からとった、あるいは、母親が私信に書いたとも言われている。アーノルドが陸軍航空を担う将校になると、ハップ・アーノルドとして陸軍中に知られるようになる。

アーノルドには、次のような印象があった。

「彼を見れば、一目で強い男だということが分かる。私にとって憧れの存在だった。もちろん、空軍独立を成し遂げるためにどれだけ苦労したかを知っていた。だから、彼の功績を賞賛している」（カーチス・ルメイ）

「衝動的な人だったので、熱くなりすぎる時はあったが、いつも相手の話を聞いて、大体正しい判断を下していた」（カール・スパーツ）

「彼の仕事への取り組み方を非常に尊敬している。いろんなお偉方を知っているが、アーノルドに匹敵す

る人物はいなかったと思う」（エメット・オドンネル）
「知識欲にあふれた目つきをしており、ぶっきらぼうではあるが鋭い質問を投げかける。頭脳明晰な人柄で、アメリカ軍人の偉大なる模範であり未来を見通した理性の持ち主であるとともに、国家に対して献身的な気持ちを持っていた」（セオドア・カルマン）
「第二次世界大戦でリーダーシップをとった軍人達の誰もが陸軍航空に関心を持たない時代に、一貫して陸軍航空の仕事をやり抜いてきた。彼は、陸軍航空を通じて国に尽くす道を選び、時がくるとこの国を救った」（ロバート・マクナマラ）
「マーシャルのイエスマンで自分が何をしゃべっているか分からない男だった」（アーネスト・キング）

陸軍航空の誕生

アーノルドが登場する前のアメリカ陸軍航空を概観する。

一八九二年、アメリカ陸軍通信軍団司令官アドルフ・グリーリィ少将は、気球の偵察能力に興味を示し、陸軍通信軍団に気球を装備することにした。当時、偵察と気象観測は通信軍団の任務であった。

一八九八年の米西戦争では、気球隊がキューバまで行き、サン・ジュアン・ヒルの戦闘でスペイン軍を偵察して勝利に貢献している。サンチャゴ港にいるスペイン艦隊も偵察した。

世界で最初に有人機の飛行に成功したのは、オハイオ州デイトンで自転車修理業を営んでいたウィルバーとオービルのライト兄弟であった。一九〇三年一二月一七日、ノース・カロライナ州キティ・ホークで、ライト・フライヤー号をオービルが操縦して初飛行に成功した。

グリーリイの後任のジェームズ・アレン准将は、ライト兄弟の成功をみすえ、一九〇七年八月一日、通信軍団内に「航空班」を新設した。航空班長は、チャールズ・チャンドラー大尉であった。一九〇九年八月にライト・フライヤー・モデルAを購入して飛行訓練を始めた。

航空機は、特にヨーロッパで発展した。一九一一年のイタリア・トルコ戦争や一九一二年のバルカン戦争では、航空機が使用されている。当初、航空機の任務は偵察や連絡だったが、イタリア・トルコ戦争では、イタリア機が空中から手投げ弾を投下している。

航空機の登場によって、それまで陸と海という二次元空間に限られていた戦いの場が、三次元空間へと広がった。実戦では、航空機の有効性は限定的であったが、航空機が初めて戦争に登場したことの衝撃と心理的効果は、無視できないものがあった。

一九一一年四月にアメリカ陸軍最初の第一臨時飛行隊がテキサス州テキサスシティで発足し、パイロットの飛行訓練を開始した。一九一三年五月に陸軍法が改正されて、航空班は一一四名まで増員した。

生い立ち

アーノルドは、一八八六年六月二五日にペンシルバニア州グラッドウィルでドイツ系の敬虔なバプチストの家庭に生まれた。アーノルド家は、独立戦争以来、代々軍人を輩出していた家柄であった。父親ハーバードは、ペンシルバニア州兵の外科医として米西戦争に従軍し、その後も二四年間軍務についていた。アーノルドにとって軍人のモデルは、身近にいた父であった。

アーノルドは、地元のローワーメリオン高校を卒業した。アーノルドは、兄のトーマスが父親の意図に逆らって陸軍士官学校の受験を拒否したため、かわりに陸軍士官学校を受験して合格し、士官候補生となった。

アーノルドは、明朗で快活、いたずら好きであったので、仲間内での評判は良かった。得意な学科は、数学と科学であり、ポロとアメリカンフットボールの選手であった。一九〇七年に陸軍士官学校を卒業し、歩兵少尉に任官したが、卒業成績は、一一一人中六六番と振るわなかった。地上で最後のロマンと思い込んでいた騎兵科を熱望したものの、かなえられず、歩兵科に回され、植民地フィリピンに配属された。技術志向の強かったアーノルドは、土の上をはい回る歩兵になじめなかった。

一九〇九年、部隊が帰国する途中寄ったフランスで、ルイ・ブレリオが航空機でドーバー海峡を横断飛行するのを見て、航空機に強い興味を抱くようになる。鳥のように空から眺めてみたかったのである。

アーノルドは、友人の勧めもあって、パイロットを志願し、一九一一年に、オハイオ州デイトンにあるライト兄弟の飛行学校で訓練を受けた。

初飛行に成功した時の感想について、「私は、初めて空を飛んだ時、『飛行機乗りになれた』と心が躍った。ライト兄弟は、私に不可能なことは何もないということを教えてくれた」と記している。

当時のパイロットは、メカニックも兼ねていた。アーノルドは、操縦とともに、エンジン、機体構造、整備を学んだ。操縦に没頭したアーノルドは、曲技飛行、航法、編隊飛行、偵察、写真撮影、対地攻撃を訓練した。飛行回数二八回、飛行時間三時間四八分を経験し、連邦航空局と陸軍の両方からパイロット・ライセンスを

オハイオ州デイトンのライト飛行学校で操縦訓練を受けるアーノルド（1911年）

得た。国内では二九人目、陸軍では二人目であった。

飛行学校を卒業したアーノルドは、メリーランド州カレッジパークの陸軍飛行学校に配属されて、陸軍最初の飛行教官となった。その年、バージェストライト機で高度六五四〇フィートの世界記録を樹立している。

当時のパイロットは、軍人ながら、ロマン溢れる命知らずの冒険者と見なされていた。アーノルドは、陸軍を代表して広報活動を行った。国会議員を同乗させて国会議事堂上空を飛び、映画製作に協力した。ニューヨーク州では手紙袋を空輸し、航空郵便の先鞭をつけた。しかし、航空機は、依然として危険な乗り物であり、整備も操縦も拙劣で、気象予報も不備で事故が多かった。この時、アーノルドは、同僚の悲惨な死亡事故に遭遇して、飛行恐怖症を患っている。

一九一一年秋、アーノルドは、航法、偵察、爆撃の優れた技量を有するとして、マッケイ・トロフィを受賞した。この時期、アーノルドは、参謀本部通信課のウィリアム・〝ビリー〟・ミッチェル大尉の知己を得た。初対面ながら二人は意気投合して緊密な人間関係を築き上げ、その友情は生涯続いた。また、アーノルドは、父の友人の銀行家の娘、エレノア・プールと知り合い、交際を始めている。エレノアは、後にアーノルドの妻になる。

メリーランド州カレッジパークの陸軍飛行学校で飛行教官を務めていたアーノルド（1912年）

陸軍航空の礎作り

一九一三年四月一〇日に歩兵中尉に昇任したアーノルドは、二四名の同僚とともに、新たに制定された航空記章（ウイングマーク）を授けられ、名実ともに陸軍航空のパイロットになった。

一九一三年九月、アーノルドは交際中であったエレノア・プールと結婚し、ワシントンで新婚生活を始めた。しかし、結婚したことによって、独身将校のみに許されていたパイロット資格を失うことになった。

一九一四年一月、歩兵科にもどったアーノルドは、再びフィリピン勤務を命ぜられ、新妻エレノアを伴って赴任した。フィリピンでは、訓練教官として勤務していたジョージ・マーシャル中尉と運命的な出会いをする。

マーシャルは、後に陸軍参謀総長として第二次世界大戦でアメリカを主導することになる。若い二人はうまが合い、マーシャルの知己を得たことは、アーノルドの軍人人生を大きく変えることになる。

フィリピンに到着直後、エレノアは一度流産したが、その後、長女ロイスが誕生した。

一九一四年七月一八日、ヨーロッパで第一次世界大戦が勃発したことから、航空班は「航空課」に改編され、兵力は増員されて、将校一九名、下士官兵一〇一名となり、課長にはサミュエル・リーバー中佐が任命された。

二年間のフィリピン勤務を終えて帰国したアーノルドに、ミッ

マザー基地の第91偵察飛行隊に所属するO-25C偵察機の前のアーノルド（右）（1916年）

チェルから電報が届いていた。それには、アーノルドが再びパイロットを希望するならば、受け入れると記していた。一九一六年三月、アーノルドは、ロックウェル基地の操縦術教練部に配属され、カーチス訓練機で慣熟訓練を行い、再びパイロット・ライセンスを取得した。

第2章　第一次世界大戦の勃発

ヨーロッパで航空戦が始まる

一九一四年六月二八日、ユーゴスラビアでオーストリア・ハンガリー帝国の皇太子夫妻が、セルビアの青年に暗殺され、七月二八日にオーストリア・ハンガリー帝国がセルビアに宣戦布告した。そして、列強各国は、宣戦布告して、瞬く間に世界を二分する世界大戦へと拡大した。

西部戦線は陣地と塹壕を巡る争奪戦となり、一日の戦闘で数千人の兵士が死傷するような悲惨な戦闘が続いた。一九一四年の西部戦線での戦死者は八五万人であったが、一九一五年には一挙に二五〇万人に達した。一九一五年二月のシャンパーニュの戦闘では、フランス軍はドイツ軍陣地に四〇〇メートル食い込むだけで五万人の兵士を失った。

一九一六年二月から始まったヴェルダン要塞戦では、八キロの戦場で独仏両軍が死闘を繰り返し、戦闘が収束した六月までの死傷者は、ドイツ軍二八万人、フランス軍三一万人にのぼった。

第一次世界大戦では、実験兵器として航空機が投入された。当初、航空機の目的は、地上部隊の目であった。航空機は、偵察や大砲の着弾観測を行った。その後、味方陣地に来襲した敵機を撃退するため、空中戦や追撃を行った。ヴェルダン要塞戦では、敵の爆撃や前進阻止を行った。この時、爆撃機による敵国の爆撃に代表されるような戦略的運用も模索された。

この間、航空課は、国内の治安維持を行っている。一九一六年、メキシコではパンチョ・ビリャをリーダーとする一団が、国境を越えてニューメキシコ州に侵入してきたため、ウィルソン大統領は討伐部隊を派遣した。陸軍は、ベンジャミン・フォロイ大尉を指揮官とする第一飛行隊を派遣して地上部隊を支援した。砂漠を移動し、山岳に立てこもるパンチョ・ビリャの捕捉は困難であり、パイロットや整備員の技量未熟も重なって、初めての実戦は惨憺たる結果に終わった。

アメリカは、第一次世界大戦開戦後も中立政策を維持していたが、一九一七年一月にドイツが無制限潜水艦戦を宣言したため、四月にドイツに宣戦布告した。この時、航空課の陣容は、パイロット五六名、兵員一一〇〇名、航空機二八〇機であった。航空機の大部分は旧式で、当時のアメリカは、ヨーロッパの後塵を拝していた航空後進国であった。

ワシントン勤務

一九一六年五月二〇日に航空兵大尉に昇任したアーノルドは、再び航空課勤務となった。アーノルドは、ヨーロッパの戦地勤務を希望したが、受け入れられなかった。ただ飛ぶことしか興味がないパイロットの中で、技術に強く、デスク・ワークもいとわないアーノルドは、貴重な存在だったのである。

参謀としての有能さを買われたアーノルドは、一九一六年一二月二三日に歩兵大尉となり、ついで、一九一七年六月二七日に航空兵少佐に昇任して航空課の先任参謀となった。

一九一七年に長男のアーノルド・ジュニアが誕生している。

アーノルドは、参謀本部の理解を取り付けて航空課の予算獲得に邁進した。しかし、実情は惨憺たるありさまであった。兵士を受け入れる態勢が整っていなかったのである。

「パイロットを目指す若者は、集まってくれた。だが、トレーニングするための飛行機を一つも持っていなかった。航空部隊を作り上げようにも物資、飛行機の不足に頭を悩ませた。体を鍛え、準備していた若者が、グランドに集まり、飛行機もなく、道具もなく、ただ突っ立っていた」と不満を述べている。

ここで、アーノルドは、航空機の生産指導、飛行学校の設立、飛行場の整備、航空兵の募集と訓練の功績が認められ、一九一七年八月六日に航空兵大佐に臨時昇任した。当時、陸軍では、業務内容に応じて簡単に階級を変更することができた。その場合は、臨時昇任させることが多く、そして、職務が変わると元の恒久的な階級に戻った。

一九一八年一月一五日、アーノルドは、歩兵少佐に降格された。この年、次男のウィリアムが誕生している。

ヨーロッパ戦線では、激しい戦闘で多数のパイロットと航空機が損耗したことから、飛行隊の増強が急務となり、一九一八年五月に、参謀本部に航空局と航空機生産局を新設し、さらに、通信隊から航空課を分離させて、新たに「航空サービス」を新編し、司令官にはチャールズ・メノーア少将が任命された。

一九一八年一一月、アーノルドは、ヨーロッパ派遣軍航空隊を視察するため、ヨーロッパに向かい、現地の飛行部隊を訪問した。帰国後、「戦争でエア・パワーが何をしたか、何ができるのかを初めて知った」と航空戦の実相について感想を述べている。

一九一九年に帰国した後は、カリフォルニア州コロナドで航空業務監督官、ついで、サンフランシスコのプレシディオの第九歩兵連隊の航空連絡将校を務める。

一九一九年一一月一一日、「すべての戦争を終わらせるための戦争」といわれた第一次世界大戦が終結した。戦後、アメリカでは、ヨーロッパの情勢から距離をおく孤立主義への回帰が強まり、そして平和の配当を求めて軍事予算が大幅に削減された。さらに歩兵出身で「航空隊は、地上部隊の支援戦力以外の何物でもない」と公言していたミノーア司令官によって、航空サービスの活動は低迷した。

アーノルドは、一九二〇年一月三〇日に、歩兵大尉に戻り、そして、七月一日に再び歩兵少佐に昇任し、以後一一年間、歩兵少佐の階級のまま据え置かれた。

ミッチェルの活躍

第一次世界大戦では、アーノルドが師と仰いでいたミッチェルが活躍する。

航空課はミッチェルを観戦武官としてフランスに派遣した。ミッチェルは、イギリスとフランスの航空隊を訪問し、フランス戦線を視察した。イギリスの航空隊司令官ヒュー・トレンチャード少将に面会して組織、装備、航空作戦の指導を受けた。

一九一七年六月、第一飛行分遣隊がフランスに到着した。早くからヨーロッパで航空戦の実情を把握していたミッチェルは、「航空機は他のどの兵器よりも戦争の最終的な勝利に大きな影響を与えることが可能である」ことをジョン・パーシング司令官に力説し、航空隊の任務を「戦術航空作戦」と「戦略航空作戦」に分けることを提案した。

戦術航空作戦は、戦闘機と偵察機で編成して師団に配備し、戦場の目標を攻撃して地上部隊を支援する。

戦略航空作戦は、爆撃機と戦闘機で編隊し、パーシング司令官が直接指揮して長距離砲の最大射程以遠の敵基地、司令部、補給所を攻撃する。

しかし、パーシング司令官は、戦略航空作戦の必要性を認めず、五九個の飛行隊をすべて戦術航空作戦に投入しようとした。パーシング司令官の決断を聞いたミッチェルは、激しく抵抗した。

パーシング司令官は、アメリカ本国に航空機四五〇〇機とパイロット五〇〇〇名の派遣を要請した。一九一七年七月、アメリカ議会は陸軍航空法を可決し、特別予算六万四〇〇〇ドルを承認した。これによって航空課は、将校約一万名、下士官兵約八万七〇〇〇名に拡充されることになった。

ウドロウ・ウィルソン大統領は、航空機の増産を指示した。しかし、当時のアメリカには、ハンド・メイドで航空機を製造する町工場しかなく、設計や製造の技術者も少なく、航空機産業は存在していないも同様であった。

このようななか、陸軍はヨーロッパでの航空戦の実情を把握するため、レイナル・ボーリング大佐を派遣した。フランスでは、アメリカ軍パイロットはフランス製のスパッド機やニューポール機に搭乗していた。現地の実情を視察したボーリングは、「アメリカの低い技術水準を勘案すれば、限定された期間で高性能の戦闘機を開発することは困難であり、今後ともイギリス、フランス、イタリアの機体を購入し、アメリカはエンジン、練習機、そしてイギリスが設計した大型爆撃機を生産すべきである」と報告した。

ウィリアム・"ビリー"・ミッチェル准将（1926年）

一九一七年九月、第一航空隊がフランスに到着し、アメリカ派遣軍航空隊が発足して司令官にはウィリアム・ケンリー准将が就任した。パーシング司令官は自説を曲げずに戦略航空作戦を主張するミッチェルには辟易（へきえき）していたものの、ミッチェルの航空部隊指揮官としての力量は評価していた。

ミッチェルは大佐に臨時昇任し、一九一八年一月二〇日に創設されたアメリカ第一軍航空隊司令官に任命された。その後ミッチェルは、第一軍団航空隊司令官等の要職を歴任した。

戦線が膠着して進展がなかった西部戦線は、一九一八年に入って流動的になり、ドイツ軍は三月二一日に「カイザーシュラハト攻勢」を開始した。

一九一八年四月一四日、アメリカ軍の戦闘機は初の空中戦に遭遇した。哨戒任務についていた第九四飛行隊のアラン・ウィズロウ中尉とダグラス・キャンベル中尉は、ドイツ戦闘機の要撃を受けて交戦し二機を撃墜した。五月に入るとドイツ軍は「ブリュッヘル作戦」を開始し、空中戦は激しさを増した。六月に生起したシャトー・ティエリーの戦闘では多数の死傷者がでた。そのような中、エドワード・リッケンバッカー大尉は、二二機の航空機と四基の気球を撃墜してアメリカ陸軍のトップ・エース（エースは、五機撃墜したパイロットの称号）になった。

パーシング司令部では、戦略航空作戦を重視する航空兵科将校の意見具申が続き、航空作戦の方針を巡る議論は先鋭化していった。パーシング司令官は、議論の応酬に疲れ果て、一九一八年五月に陸軍士官学校のクラスメートのメイソン・パトリック准将を派遣軍航空隊司令官に起用した。

航空攻勢

一九一八年八月、ミッチェルは派遣軍航空隊司令官に起用されるとともに、イギリス、フランス、イタリア各国航空部隊を統一指揮する連合航空隊総司令官に任命された。こうしてミッチェルは、航空機一四八一機と気球二〇基を指揮することになった。

九月に連合軍が攻勢を開始した時、ミッチェルは、連合軍の猛攻を空から支援した。ミッチェルに与えられた任務は、次のとおりであった。

・陸軍に対する適切な敵情の通報と砲兵隊の着弾観測
・敵航空機による味方の地上部隊への攻撃の阻止
・敵の補給線の破壊と敵の援軍の来援阻止

ここにおいて、陸軍の支援戦力とみなされていた航空隊は、戦勢を決定する戦力となり、司令官達は、制空権を確保することの重要性を認識し始めた。

ミッチェルは、攻勢的な作戦に航空部隊を投入した。サン・ミエルで包囲され、捕捉されたドイツ軍は連合軍の前線になだれ込んできた。ミッチェルは、陸軍の総攻撃に合わせて、数百機を左翼から、別の数百機を右翼から進出させて敵部隊を攻撃した。ミッチェルは、「我が空軍による敵の輸送貨車、鉄道、道路上の部隊に対する攻撃によって多くの残骸が積み上がり、敵の迅速な撤退が不可能となり、味方の部隊に捕獲される結果となった」と述べている。

「サン・ミエル攻勢」における航空作戦には次のような特徴があった。

・一人の指揮官による全航空部隊の指揮
・陸軍の総攻撃に密接に連携した航空総攻撃
・異方向からの同時攻撃
・一〇〇機単位の航空機の投入
・航空部隊が必要と認めた目標への攻撃

九月下旬、ミューズ・アルゴンヌ会戦に参加したミッチェルは、八〇〇機の航空機で制空権を確保するとともに、前線背後のドイツ軍航空基地を急襲した。ミッチェルは、この戦功により准将に臨時昇任している。

ミッチェルは、独創的な航空作戦も計画した。一九一八年一〇月、パーシング司令官にハンドレページ爆撃機を使用して、第一歩兵師団の兵士をドイツ軍の後方にパラシュート降下させる奇襲作戦を具申した。この計画は、奇襲作戦と同時に連合軍が攻勢を行い、ドイツ軍を前後から万力でがっちりと掴むように捕捉するというものであった。

ミッチェルは、地上部隊に対する航空支援の必要性がなくなった場合は、かねてから主張していたドイツ本土への戦略航空作戦を実行しようとした。その作戦は、「農作物、森林、家畜を破壊するために有毒ガスと一緒に焼夷弾による攻撃を行い、ドイツに計り知れないほどの破壊をもたらして降伏を強いる」ことを目指しており、将来の航空戦の出発点となる考え方であった。

一九一八年一一月一一日、パリ講和会議においてヴェルサイユ条約が締結され、ここに第一次世界大戦は終結した。この時、アメリカ派遣航空隊は四五個飛行隊、七四〇機に膨れ上がっていた。「航空サービス」は、第一次世界大戦で、敵航空機七五六機と気球七六基を撃破したが、航空機二八九機、気球四八基が破壊され、二三七名のパイロットを失った。

第3章　ミッチェルの啓蒙活動

エア・パワーの先覚者となったミッチェル

第一次世界大戦では、膨れ上がった航空部隊の存在、そして、実戦で示した有効性から、エア・パワーという概念が確立した。ヨーロッパから帰国したミッチェルは、一九一九年三月に航空サービス副参謀長に就任し、一九二五年までそのポストにあって、エア・パワーのあるべき姿を世に問うた。

第一次世界大戦での地上戦の悲惨さは各国政府と軍部に深刻な影響を与え、世界大戦後は軍事戦略の見直しが進み、航空機は、将来の戦争に大きな影響を与えることが予想され、各国に航空戦略の先覚者が生まれた。「エア・パワーの先覚者」と呼ばれたミッチェルは、ジウリオ・ドゥーエ、アレクサンダー・ド・セヴァスキー、ヒュー・トレンチャードと同時代に活躍した航空戦略家となった。

ミッチェルは、将来の戦争では、空軍で敵の戦争遂行能力を破壊するとともに敵国民の抗戦意欲に影響を与えれば、早期に戦争を終結できると考えた。そのために、独立した空軍が必要であることを説いた。

ミッチェルは、イギリス空軍を参考に、次のように空軍の未来像を構想した。

- 空軍と空軍省の創設、国防省の創設
- 空軍将校を教育する空軍士官学校の創設

・州兵空軍と予備役空軍の創設
・航空行政を担当する連邦航空局の創設

独創性に富み、技術にも強かったミッチェルは、全金属製航空機、精密誘導兵器、巡航ミサイル、無人機、落下型燃料タンク、ナパーム弾を着想した。空挺部隊の作戦を提唱したのもミッチェルであった。

エア・パワーの啓蒙活動

すでに空軍として独立していたヨーロッパ諸国と異なり、アメリカで空軍の独立に理解が得られなかったのには理由があった。ヨーロッパは、地続きのため、空軍による奇襲攻撃は、最大の脅威となっていた。ジウリオ・ドゥーエが、戦争で勝利するには戦場の「制空権」を獲得する必要性があることを主張して以降、独立した空軍がなければ、戦争に勝利できないことが広く認識されていた。

大西洋と太平洋で囲まれたアメリカは、外敵の侵入は海からしかなく、伝統的に海軍が対応した。また、敵国への進攻は陸軍が行えばよく、必然的に空軍は陸軍の支援戦力でよかった。「いったい、誰がアメリカまで航空機で攻めてくるというのか」というのが共通の認識であった。

航空サービスという成り上がり者に対する政府と陸軍首脳の無関心さは、すぐに明らかになった。一九二〇年六月に制定された陸軍再編法では、航空サービスの任務は、索敵を主任務とする地上部隊の支援部隊と規定された。予算は、三分の一しか認められなかった。航空サービスは、一〇年間の不遇の時代を迎えることになる

そのような中、ミッチェルは、空軍の独立と航空部隊の拡張のため、ひるむことなく活動を開始した。ミッチェルは、懇意であった陸軍参謀総長ジョン・パーシング大将に期待したが、パーシングは「独自の

作戦行動をとる航空部隊は、現在はもちろんのこと、我々が予想できる将来のどのような時期にも必要としない」として、ミッチェルの希望をうち砕いた。

それでもミッチェルの熱意は冷めなかった。ミッチェルの頭脳には、様々な提案が泉のごとく湧いた。ある時、ミッチェルが参謀本部の将校に自分が提出した航空サービスに関する懸案事項がどのように処理されているか問い合わせたところ、その将校は「貴官の書類はみんなファイルにしまいこんでいる」と笑って答えた。ミッチェルの提案は、廃棄処分され陸軍省の地下室に眠っていた。

航空サービスを取り巻く閉塞状況を認識したミッチェルは、方針を変え、アメリカ政府と国民に直接訴えることにした。人に会い、政治家に陳情し、著書を執筆し、新聞のインタビューを受け、講演会で講演した。

連邦議会の委員会にも出席した。「航空サービスも次の戦争を考えているが、そこでは、とりわけ爆撃機が支配的な役割を担う。将来の戦争は、都市、工場、食料供給源など国家の死命を決する中枢を攻撃して、戦争継続の意志をうち砕くことである」と発言し、次の戦争は市民、婦人、子供も巻き込む総力戦になると主張して国民を恐怖で震え上がらせた。

このようなミッチェルに対し、各方面から反対がまき起こった。政府高官は、ウィルソン大統領の平和政策と孤立主義を支持しており、国家総力戦を予言するミッチェルの意見は嫌悪すべきものであり、アメリカ政府の政策に逆行すると考えた。

陸軍首脳は、ミッチェルが将来の戦争は陸軍が戦闘を開始する前に空軍が勝敗を決すると発言するたびに反発を強めていった。航空サービスの予算が増えれば、すでに弱体化していた陸軍の足元が脅かされるからであった。

海軍との抗争

当時、アメリカの防衛は海軍が担当していた。海軍の誇りである戦艦は、戦艦以外の何者にも敗れることはないと信じられていた。しかしミッチェルは、「戦艦が空からの攻撃に脆弱であり、戦艦の時代は終わった」、「戦艦一隻で爆撃機四〇〇〇機を購入できる」、「外洋からの侵攻に対しては、一〇〇マイルまでなら空軍で防衛できると」と主張した。海軍は、このような発言は看過できないとして抵抗した。

当時、海軍軍人の誰もが、二〇ノットで海上を疾走し、厚い装甲で覆われ、多数の防空火器を装備した戦艦が航空機に沈められるはずはないと考えていた。当時の爆撃機に搭載できるのはせいぜい五〇〇キロ爆弾であり、この爆弾が数発直撃したところで戦艦は充分耐えられた。また、爆弾を搭載してよたよた飛ぶ低速の爆撃機は、戦艦の格好の餌食になった。

このような見方をする者はアメリカ海軍ばかりではなく、各国の海軍関係者も同様であった。陸軍のパイロットでさえ、航空機で戦艦を沈めることなど不可能と考えていた。

一九二一年一月、ミッチェルは、バスカム・スレンプ議員の質問に答えて、「世界最大最強の戦艦も航空攻撃にはかなわない」と自説を主張した。スレンプ議員は、「どうやら、貴官の主張をテストで確認することが最大の問題であるようだ」と応答した。この発言こそミッチェルが待っていた突破口であった。

当時、標的艦として利用できる軍艦は、ドイツ海軍から押収していた戦艦「オストフリースラント」があった。「オストフリースラント」は、排水量二万七〇〇〇トンで、ユトランド沖海戦で一八発の直撃弾を受けたが生き残った不沈艦であった。

艦艇爆撃実験

艦艇爆撃実験に頑強に抵抗していた海軍がようやく折れたのは、ウィリアム・ボーラ議員が、実験が決着するまで軍艦建造費を凍結することを提案してからであった。ここに至って海軍の首脳は、集められる限りの観衆を集めて、ミッチェルに恥をかかせてやろうということに落ち着いた。

ミッチェルは、爆発エネルギーによって艦艇を破壊するウォーター・ハンマー効果に期待していた。戦艦ですら、至近弾の爆発によって起きる強烈な水中衝撃で船体を切り裂くことができるはずであった。

一九二一年七月二一日、ミッチェルは、九〇〇キロ爆弾を搭載したハンドレーページ爆撃機七機を指揮し、七発の爆弾を投下した。「オストフリースラント」は、横倒しになって艦尾から沈んでいった。航空攻撃で「オストフリースラント」が沈没したことは、戦艦の時代の終わりと航空機の時代の始まりを告げるものであった。この実験を見た大勢の海軍士官は涙を隠さなかった。爆撃実験の結果を認めなかったのは、ほかならぬアメリカであり、パーシング大将自身が議長を務める陸海軍合同委員会は、

・戦艦は停止しており回避行動をしていないので、爆弾は命中しない可能性が高い。
・対空火器の効果を無視している。
・乗員が乗っておらず、浸水対策が取られていない。

という理由をあげ、「エア・パワーについては何も決定的なことは証明されておらず、戦艦は依然として艦隊の中軸であり、アメリカ防衛の前線堡塁である」という声明を発表した。

ミッチェルは、陸海軍合同委員会の結論とは正反対の報告書をミノーア司令官に提出した。その結果起きた激しい衝突と世論を巻き込んだ論争による混乱の責任をとって、ミノーア司令官は航空サービスを去

り、代わりにメイソン・パトリック少将が後任の司令官に就任した。

ミッチェル、陸軍を去る

一九二一年一二月、パトリック司令官は、ミッチェルをワシントンから遠ざけるためヨーロッパに派遣し、各国のエア・パワーを視察させた。ヨーロッパの視察から戻ったミッチェルは、また騒音を撒き散らし始めた。一九二三年一二月、パトリック司令官は、ミッチェルに太平洋地域におけるアメリカの防衛政策の調査を命じた。

ミッチェルは、アジア歴訪の途中に日本を訪問し、日本海軍がフィリピンとハワイを同時に奇襲攻撃する可能性を認めた。そして、仮に日本海軍がハワイを奇襲攻撃すると仮定して、攻撃の曜日、時刻、部隊編成、航空母艦の位置まで予測している。日本海軍による真珠湾攻撃の二七年前のことであった。この二回の外遊での見聞は、ミッチェルの航空戦略思想に影響を与え、後に『空軍による防衛』を執筆している。

一九二五年、ミッチェルは、海軍の飛行船の遭難に

法廷で証言するミッチェル（中央）（1925年）

端を発した論争で、エア・パワーに対する陸海軍首脳の無能と無理解を厳しく批判した。この発言は軍律違反とみなされ、軍法会議にかけられた。裁判の結果、有罪の判決が下され、エア・パワーの先覚者ミッチェルは、思い半ばで陸軍を去っていった。

一九二〇年代、ミッチェルは疑いもなく航空サービスを支配していた。ミッチェルは陸軍を去ったが、その革新的な航空戦略と空軍独立の情熱は、航空サービスの将校の中に残り、ミッチェルを信奉する集団が生まれていた。ミッチェル・スクールと呼ばれた後輩たちは、アーノルドを中心に、カール・スパーツ、ウィリアム・シャーマン、ハーバート・ダーギュ、ロバート・オールズ、ケネス・ウォーカー、ハロルド・ジョージ、アイラ・エイカーであった。彼らは強い絆で結ばれ、ミッチェルが描いた陸軍航空の未来像は目標となった。

一九四六年八月八日、第二次世界大戦は、ミッチェルの予言どおり、エア・パワーによって勝利を得たという史実から、アメリカ議会は死後にもかかわらず、ミッチェルに議会名誉勲章を授与している。ミッチェルの奮闘は、認められたのである。

第2部

戦間期のアメリカ陸軍航空

第4章　戦間期の陸軍航空隊とアーノルド

航空サービスでの多様な経験

戦間期、アーノルドは航空サービスで多様な経験をつんだ。一九一九年、ロックウェル基地の西部地区監督官になり、ヨーロッパに派遣された八〇〇〇人の将兵と航空機の帰還を監督した。この時、部下にカール・スパーツ少佐、アイラ・エイカー中尉、ジェームズ・ドゥーリットル中尉がいた。後に三人は生涯にわたってアーノルドと行動を共にする盟友となる。

アーノルドには長年の飲酒癖があり、特にスコッチ・ウイスキーのホワイト・ホースを好み、ロックでよく飲んだが、一九二〇年代初めに胃潰瘍を発症してから深酒はできないようになった。不幸なことに、この時、幼い三男ジョンを急性虫垂炎で失っており、アーノルド家は悲しみに沈んだ。

その後、クリシィ基地の西部地区補給処航空連絡官を経て、一九二二年一〇月にロックウェル補給所長に就任した。

胃潰瘍も癒えた一九二四年、思いもよらず陸軍産業大学の入校を命ぜられ、アメリカの軍需産業と軍事技術を学んだ。陸軍産業大学卒業後は、そりの合わないパトリック司令官に呼び戻され、航空サービス情報部長に就任し、ミッチェルのそばで働いた。

一九二五年に起きたミッチェルの裁判で、スパーツやエイカーとともに聴聞会でミッチェルを支持する証言を行い、その後もミッチェルの支持をとうとうと主張したため、パトリック司令官から疎まれ、カンザス州フォートライリーにあるマーシャル基地に左遷された。陸軍航空の本流から外れていたミッチェルを支援したことで、アーノルドは航空サービス首脳から睨まれていた。一九二七年に四男のデビッドが生まれている。

一九二八年、オハイオ州フェアフィールド基地の操縦教練部に配属された。ここでアーノルドに幸運が訪れた。陸軍大学校へ入校を命ぜられたのである。当時、陸軍では毎年約三〇名の将校を選抜して陸軍大学校に入校させ、戦略、戦術、軍事史を学び、図上演習を演練させていた。

航空サービスから選抜されたアーノルドは、空を飛ぶことしか興味のないパイロットの中にあって、例外的に陸軍の戦略と作戦を学んだ将校となった。しかし図上演習では、依然として航空隊は地上軍の支援と教えており、アーノルドは陸軍大学校長ウィリアム・コーナー少将の指導に逆らって航空部隊独自の戦略的運用を主張したが受け入れられず、大いに不満であった。それでも努力して上位の成績で卒業している。

航空サービス司令部勤務時代のアーノルド（1925年）

文才があったアーノルドは、若者が空にあこがれを持つようになってほしいとの希望を込めて、一九二八年に、パイロットを目指す青年ビル・ブルースが活躍する小説を五冊上梓している。アーノルドの実家では、大恐慌による銀行破綻で家計が傾き、母親が心労による心臓発作で亡くなり、父親もうつ病を発症していた。

陸軍大学校卒業後は、一九二九年にフェアフィールド補給所長、ついで野戦補給処長などあいかわらず閑職が続いたが、一九三一年二月一日にようやく航空兵中佐に昇任し、第一線部隊であるマーチ基地の第一航空団司令に起用された。この人事は、二〇年来の友人であるダグラス・マッカーサー大将の口利きで実現したものであった。

ミッチェルと異なり、アーノルドが陸軍で生き残ったのは、資質や能力もさることながら、ダグラス・マッカーサーを始め、マリン・クレイグ、ジョージ・マーシャルら歴代参謀総長と懇意であり、彼らとよしみを通じていたことが大きい。

クレイグはアーノルドの長年のゴルフ仲間であり、家族付き合いの間柄であった。ミッチェルの栄光と挫折を間近に見ていたアーノルドは、ミッチェルの愚は二度と起こさないと心に決め、上司との軋轢を回避し、組織に忠実な将校として行動した。

アーノルドは、第一航空団司令のポストを気に入っており、航空団を鍛え上げて航空サービスのショーケースにしようとした。訓練の傍ら、地元のソサエティと頻繁に交流した。部下の将校にも積極的に社会奉仕へ参加するよう勧めた。冬季、ブリザードで孤立した町に空から食料を投下して感謝されたこともあった。ロングビーチで発生した地震では、被災者に支援物資を届けた。三〇〇〇人の子供が参加した民間防衛隊のキャンプには航空団を挙げて支援した。

一九三四年、政府で民間航空郵便をめぐるスキャンダルが発生し、民間航空郵便が政府の命令でストップされた。この時、マッカーサー参謀総長はルーズベルト大統領に、民間航空郵便が再開されるまで陸軍航空隊を使用することを具申し許可された。第一航空団の爆撃機も航空郵便飛行に駆り出された。しかし、夜間飛行や悪天候をついての無理な飛行がたたって多くの墜落事故が発生し、一三人のパイロットが殉職したことで、ルーズベルト政権に対する批判が巻き起こった。

陸軍航空隊司令官に就任

一九二五年一一月、カルビン・クーリッジ大統領は、陸軍航空の将来像を調査するために、ドワイト・モローを長とする委員会を設立した。モロー委員会は、各国空軍の動向と第一次世界大戦での活躍を受けて、航空サービスを強化することを答申した。一九二六年六月、政府は航空隊法を成立し、陸軍参謀本部に航空担当次官補が新設された。七月二日に航空サービスは「陸軍航空隊」に改編され、二万人の将兵と一九〇〇機の航空機が認められた。

ミッチェルが唱えたエア・パワーの強化は徐々に進み、政府の航空評議会や委員会は、陸軍航空隊の最良の編成を検討していた。しかし、折からの世界恐慌に端を発したアメリカ経済の不況が陸軍航空隊にも及び、陸軍航空隊は再び不遇の時代を迎える。

一九三四年七月、陸軍航空隊は、遠隔地のアラスカの防備体制が盤石であることを示すため、Ｂ-10爆撃機による往復一万八〇〇〇キロに及ぶ長距離試験飛行を計画し、指揮官にアーノルドを指名した。

アーノルドは、一〇機のＢ-10爆撃機を指揮してワシントンのボーリング基地からアラスカのフェアバンクスまでの遠距離往復飛行を成功させ、二回目のマッケイ・トロフイを受賞している。アーノルドは、この業績により殊勲飛

B−10爆撃機とアーノルド（1934年）

行十字章も受章した。こうして陸軍部内で「爆撃屋アーノルド」の評判が高まっていった。

一九三四年、ニュートン・ベーカー元陸軍長官が議長を務めていた航空評議会は、陸軍参謀本部の各部に分散していた航空隊関連部門の組織と機関の統合を提言した。

陸軍参謀本部は、この提言を受けて、一九三五年三月一日にアメリカの防衛を大型爆撃機で行うための実験的な組織を編成することにした。そして、陸軍航空隊内に新たに陸軍参謀総長が直接指揮し、爆撃機部隊だけで編制された航空隊総司令部を設立し、初代司令官にはフランク・アンドリュー准将が任命された。

航空隊総司令部による爆撃機部隊の一元的指揮は、後の戦略空軍の嚆矢となるものであった。三つの航空団に配備された爆撃機は、短距離航空阻止と戦場航空支援を目的として開発されたB-18爆撃機であった。

陸軍航空隊副司令官時代のアーノルド（1936年）

アーノルドは、一九三五年三月二日に大佐を飛び越えて航空兵准将に臨時昇任した。そして、一九三六年一月に、多くの先輩を差し置いて陸軍航空隊副司令官に起用された。

一九三八年九月、航空機事故で殉職したオスカー・ウェストオーバー司令官の後任が取りざたされていた。ホワイトハウスのスティーブン・アーリー報道官や軍事顧問のエドウィン・ワトソン大佐は、深酒の悪癖があるアーノルドは不適としてライバルの、沈着冷静なフランク・アンドリュース准将を押した。しかし、マーシャル参謀総長は、アーノルドを司令官に指名し、ルーズベルト大統領もこれを承認した。

一九三八年九月二二日、アーノルドは、航空兵少将に昇任して陸軍航空隊司令官に就任し、名実ともに陸軍航空のトップに立った。この人事には、マリン・クレイグ前参謀総長の強い支持があったといわれている。

大型爆撃機の模索

一九二〇年代、アメリカ政府内では、本土防衛は海軍が担うのか、それともまだ海のものとも山のものともわからない陸軍航空隊の爆撃機が担うのか、延々と議論が続いていた。そのような中、一九三一年一月、航空評議会の諮問を受けたダグラス・マッカーサー陸軍参謀総長とウィリアム・プラット海軍作戦部長が協議し、アメリカの沿岸防衛については、陸軍航空隊が一義的に責任を負うことに合意した。海軍は、ヨーロッパと太平洋に向かおうとしていたため、アメリカ本土の防衛任務を放棄したかったのである。陸軍航空隊は、長年の夢がかなうことになった。

この合意を受けて、陸軍航空隊は、爆撃機部隊を強化するため一九三一年に世界最初の全金属製の双発爆撃機ボーイングY１B‐９を開発した。しかし、同時期に開発していた同じ全金属製の双発爆撃機マーチンB‐10は、一トンの爆弾を搭載して時速三四〇キロで飛行するという高性能を示したために制式に採用し、一九三四年からB‐10をパナマやハワイに配備した。

B‐10は、一九三六年に政府の輸出許可が出たため、中国を含む世界各国に輸出された。日中戦争の最中の一九三八年五月一九日、中国空軍の二機のB‐10Bが寧波基地から九州に飛来し、プロパガンダのビラを散布している。これは、日本本土に敵国の軍用機が侵入した史上初の事例となった。

当時、アメリカでは世界恐慌の後遺症が尾を引いており、陸軍の予算は切り詰められ、将兵の充足は定員をずっと下回り、兵器の更新もままならず、第一次世界大戦中の兵器を使い続ける有様であった。

陸軍部内には、軍事予算が制限されている中で高額の四発大型爆撃機を少数揃えるくらいなら、双発の中型爆撃機を配備したほうが有利とする意見も多かった。そのような中、一九三三年一月に陸軍参謀本部は、それまでアメリカ本土と海外領土の沿岸防衛に限定されていた陸軍航空隊の任務を拡大し、長距離偵察と長距離航空作戦を行うことを承認すると発表した。

一九三四年、陸軍の作戦方針の変更を受けた陸軍航空隊は、時速三二〇キロで九〇〇キロの爆弾を搭載し、八〇〇〇キロを飛行できる大型爆撃機の開発計画プロジェクトAを発表した。

プロジェクトAの目的は、「アメリカ本土、海外領土であるハワイ、パナマ、アラスカを含む北半球の防衛」であったことから、陸参謀本部はプロジェクトAを正式に承認した。しかし、ボーイングXB-15は大型すぎて要求性能を満たさず、マーチンXB-16は設計中にキャンセルされてしまった。

当時、アメリカでは孤立主義の風潮が強く、高性能の大型爆撃機の開発については、議会、メディア、国民の反対が根強かった。そのため、ボーイング社の大型爆撃機は、陸軍部内で大勢を占めていた四発大型爆撃機不要論に押されて少ない予算しか認められず、結果としてB-10の後継機として双発爆撃機のダグラスB-18ボロ（フィリピンの蛮刀）が採用された。

空飛ぶ要塞B-17の開発

後に、レシプロ四発大型爆撃機の傑作と呼ばれたボーイングB-17は、明確な方針や作戦目的があって誕生したものではなく、時代の流れの中で誕生した爆撃機であった。

アメリカの防衛における航空機の有用性を確信し、航空戦力の充実を訴えて政府、陸軍、海軍の旧守派と戦って敗れ去り、陸軍を去ったミッチェルの後継者を自認していたアーノルドは、この時、ミッチェルの夢を実現しようとしていた。第二次世界大戦の足音がすぐ近くまで来ていたからである。

プロジェクトＡでは、ボーイング社は、以前から社内で開発していた四発大型爆撃機の試作機モデル２９９を提案した。当時は、「四発大型爆撃機は、低速で運動性が悪く、敵の反撃の少ない夜間爆撃にしか使用できない」という第一次世界大戦以来の発想が支配的であった。ボーイング社は この常識を覆すべく画期的な四発大型爆撃機を提案した。

廉価であることと手頃な性能が評価されて制式化されたＢ‐18は、一九三七年から部隊へ配備された。しかし、まさに「安かろう、悪かろう」の典型で、構造的に拡張性が乏しく、すぐさま旧式化すると予想された。一方、アーノルドは、モデル２９９の傑出した性能と潜在能力を評価していた。ボーイング社は、モデルＢ‐２９９を改良してＢ‐17を完成させた。一九三五年七月に初飛行したＢ‐17は、機関銃と防弾設備を充実させて攻防にわたる戦闘力を重視した、まさしく要塞と呼ぶにふさわしい機体であった。

初飛行の結果、Ｂ‐17は、速度、上昇力、航続距離、搭載能力のいずれも要求性能を上回っていたため、一九三六年に制式採用された。

当時のアメリカは、Ｂ‐17のような高性能爆撃機は、過剰な戦力として議会や国民の反対が強かった。陸軍航空隊は、Ｂ‐17は、「敵国に侵攻する兵器ではなく、アメリカ本土に侵攻する敵を撃破する要塞」と説明していたことから、要塞（フォートレス）という名称は、関係者の中ではよく知られていた。陸軍航空隊は、アメリカ政府の孤立主義とそれに起因する専守防衛政策に配慮していたのである。

アーノルドは、Ｂ‐17を正式に「フライング・フォートレス（空飛ぶ要塞）」と命名し、議会に対して

「B‐17は、敵国を攻撃するための兵器ではなく、アメリカ本土防衛のための兵器」と説明した。空飛ぶ要塞とは、正しくはアメリカを侵略する敵の艦隊を洋上遥か進出して撃破する「空飛ぶ沿岸砲要塞」の意味である。

一九三〇年代初頭の戦艦と爆撃機のどちらがアメリカ本土の防衛にとって重要かという議論のさなかに誕生したB‐17は、当初から「フライング・フォートレス」の愛称で呼ばれることを運命づけられていた。B‐17の性能に満足したアーノルドは、ボーイング社では生産能力に限界があったため、ダグラス社とロッキード社にも協同生産するよう指示した。

B‐17は、空気の薄い高空でピストンエンジンの出力を確保するために不可欠な、排気タービン付過給器（ターボチャージャー）を取り付けたライトR‐1820サイクロンエンジンを搭載していたため、良好な高々度性能を示した。また、世界最高の照準精度を備えているノルデン爆撃照準器を標準装備していた。B‐17は基礎設計が優れ、エンジンと機体に余裕があったため、改修による重量増加を吸収できた。量産型のB‐17Gは、M2機関銃を一一挺装備して死角を解消し、自動閉鎖式の燃料タンクを採用し、搭乗員の周りには防弾を施した。こうした改良により、B‐17Gはアーノルドが求めてきた、白昼堂々と敵地上空に乗り込み、敵の迎撃戦闘機を撃退して爆撃を行う爆撃機になると期待された。B‐17Gは、攻防に優れ、戦闘機の護衛を必要としない戦略攻撃兵器へと変貌を遂げたのである。

B‐17は、飛行特性も良く、機体強度も優れていたため、実戦では、高射砲の直撃で機首が粉砕したり、敵機の体当たりで同体の一部が切断したり、片方の水平尾翼を付け根から失ったり、エンジンが二基停止したりといった他の機体では墜落するような大きな損傷を受けても、パイロットが巧みに操れば生還することが多かった。このため、航空兵の信頼は非常に高く、その優美なスタイルから「空の女王」という渾

ボーイングB-17フライング・フォートレス

B-17は、1934**年**に陸軍航空隊から出された爆撃機の提案をうけてボーイング社が開発した。機体は円形断面で、主翼は付け根で厚く、大きく、長い尾翼の空力特性の良い、堅牢で洗練されたB-17を短期間で完成させた。1935年7月に初飛行したが、試験結果は良好で、設計の正しさと技術の優秀さが実証された。

B-17には、空気の薄い高々度を飛行するために必要な排気タービン付過給器付エンジンを世界で初めて搭載されていた。最大13丁の12.7㎜機関銃を装備していたため、優れた防護能力を有している。機体主要部に防弾が施されているため、優秀な対弾性を誇った。ノルデン爆撃照準器が装備され、高々度からの精密爆撃が可能であった。爆撃では搭乗員は寒風吹きすさぶ低温環境の中で戦闘しなければならなかった。B-17の欠点は、航続距離が十分でなかったことである。主として対独戦略爆撃で活躍した。

✵性能データ:B-17G

全長:22.66m、全幅:31.62m、全高:5.82m、自量:16,391kg、
最大離陸重量:29,715kg、最大速度:462km/h、航続距離:3,219km、
最大航続距離:5,800km、武装:12.7㎜機関銃×13、
爆弾:2,720kg～5,800kg、エンジン:ライトR-1820サイクロン×4、
離昇出力:4発で4,800hp、乗員:10名、生産機数:12,731機。

名がつけられた。

一九三六年、航空総司令部司令官アンドリュー准将は、アメリカの東海岸と西海岸にB-17をそれぞれ一個飛行群ずつ配備するために五〇機の増産を要望した。これを聞いた海軍は、ライバルの陸軍がアメリカ大陸沿岸から遠距離に進出することは、縄張りを荒らす行為とみなして大反対した。

アーノルドは、B-17の能力を認めさせるため、一九三八年二月に第二爆撃飛行群の六機のB-17をアルゼンチンの新大統領の就任式典に派遣した。B-17は、マイアミからブエノスアイレスまで途中で一度着陸しただけで八〇〇〇キロを飛び、無事マイアミに帰還した。これは、大型爆撃機による世界最初の長距離編隊飛行であり、遠距離爆撃の実験でもあった。

アーノルドは、その後もB-17でアメリカ大陸を東から西へ一〇時間五〇分、西から東へ一〇時間四六分で飛んで、新記録を樹立している。

一九三八年五月、アーノルドは、B-17が空飛ぶ沿岸砲要塞であることを証明するために、ニューヨークの沖合一一〇〇キロを航行中のイタリアの旅客船「レックス号」を仮説の目標として、三機のB-17で捜索、捕捉、攻撃訓練を行って無事成功させ、B-17の優れた能力を内外に示した。

多用途爆撃機B-24の開発

陸軍航空隊は、B-17の増産に際し、同じ大型機を生産しているコンソリデイテッド社に共同生産を持ちかけたが、拒否された。B-17の後継機の必要性を痛感していたアーノルドは、代案としてコンソリデイテッド社が自社開発していた四発大型爆撃機モデル31に注目した。

B-17の欠点は、航続力と爆弾搭載量が十分でなかったことである。アーノルドは、イギリス本土から近く、ドイツの防空網が整備され、戦闘機や高射砲の能力も高かったヨーロッパではB-17を主力に据えるが、逆の作戦環境にある地中海と太平洋では、防御能力が低くても長い航続力と爆弾搭載量の多い爆撃機が必要と考えていた。

一九三九年一月、アーノルドは、コンソリディテッド社の技術幹部らに会い、同量の爆弾を搭載した場合、B-17より遠くまで飛べる新型の四発大型爆撃機の開発について打診した。要求性能は、航続距離約四八〇〇キロ、爆弾搭載量約三五〇〇トン、実用上昇限度約一万一〇〇〇メートルで、相応の防御火力を備えていることとされた。

コンソリディテッド社は、開発中であったモデル31をベースに、ボーイングB-17やダグラスXB-19の長所を盛り込んだモデル32を提案し、陸軍航空隊は三〇ヵ所の部分変更をしただけで承認した。

一九三九年一二月にB-24は初飛行したが、要求性能を満たしていたため、陸軍航空隊は制式に採用した。名称は「リベレーター（解放者）」である。

コンソリディテッド社は、B-24の専用工場を新設し、合計三つの工場で量産することとし、さらにノースアメリカン社も共同生産に加って量産体制を整えた。注目すべきは、自動車会社のフォード社がB-24の生産を請け負ったことで、その生産能力は航空機メーカーの比ではなく、フォード社はB-24製造の中核企業となった。

B-24は、レンド・リース法に基づいてイギリス空軍に供与されたが、「より多くの爆弾をより遠くに運ぶ」というイギリス空軍爆撃軍団のドクトリンに合致していたため、高い評価を得た。

イギリス海軍もシーレーン上の随所に存在し、航続距離の短い双発哨戒機が到達できないブラックギャップと呼ばれる海域もB-24であればその大部分をカバーできることから、高く評価していた。後に、ア

コンソリデーテッドB-24リベレーター

1938年、コンソリデーテッド社は、独自に四発大型爆撃機を開発し、陸軍航空隊に採用された。初飛行は1939年12月であり、当初、輸送機として使用されたが、1941年1月に爆撃機型が完成した。排気タービン付過給器付エンジンを搭載し、ノルデン爆撃照準器を装備しており高々度からの精密爆撃が可能であった。

B-24は、大きな機内容積と長い航続性能を有していることから汎用性があったため、高い評価を得た。対潜哨戒機や輸送機としても活躍したため「空飛ぶ貨車」、「空飛ぶ浴槽」、「空の市内電車」と呼ばれた。

B-24の欠点は、機体が堅牢性に欠け、また、機体の安定性も低かったことであり、主翼は被弾時に折れやすかった。爆弾倉扉が構造的に弱かったため、不時着時や不時着水時の被害が大きかった。四発大型爆撃機としては、最大の生産機数となった。アメリカ海軍は、海軍仕様のPB4Yを採用した。

✺性能データ:B-24J

全長:20.47m、全幅:33.53m、全高:5.49m、自量:16,556kg、
最大離陸重量:32,296kg、巡航速度:346km/h、最大速度:467km/h、
航続距離:3,380km、実用上昇限度:8,540m、武装:12.7mm機関銃×10、
爆弾:5,443kg、エンジン:P&W R-1830ツイン・ワスプ×4、
離昇出力:4発で4,800hp、乗員:10名、生産機数:18,431機。

メリカ海軍は、B-24の海軍仕様機PB4Yを製造して洋上哨戒や艦船爆撃に投入している。

当初から輸送機や哨戒機に転用できる機内容積があったB-24には、実戦では数々の短所が明らかになったものの、取り扱いの容易な多用途機としての評価は高く、大型爆撃機としては第二次世界大戦中で最多の一万八〇〇〇機以上が生産された。こうして、陸軍航空隊は、ヨーロッパで使用するB-17と地中海や太平洋で使用するB-24という二種類の大型爆撃機の開発に成功した。

幸いなことに、戦術空軍による電撃戦ドクトリンに特化していたドイツ空軍では大型爆撃機の必要性は低く、開発は進まなかった。また、イタリア空軍と日本陸軍航空隊も、ドクトリンと予算の関係から高価な大型爆撃機は開発しなかった。

第5章　ヨーロッパでの危機の高まり

スペイン内戦とドイツ空軍の活躍

一九三〇年代後半に入ると、第一次世界大戦後に制度化された多くの軍縮の努力が水泡に帰していった。ドイツは、第一次世界大の敗戦後、ヴェルサイユ条約によって大幅な軍備制限を強いられたが、ワイマール共和国時代から各種の抜け道を利用して兵器の開発と戦術の研究を続けると共に、将来に備えて下士官に将校なみの軍事教育を行っていた。

特に一九二二年四月にソ連と締結したラッパロ条約により、研究開発の成果の一部をソ連に提供することと引き換えに、航空機、戦車、化学兵器の開発と運用に関する研究を本格的に行うことができた。ドイツは、モスクワの南東のリペツクに広大な飛行場を建設し、飛行訓練を開始した。一九二六年には国策航空会社ルフトハンザを設立して、ドイツ国内で整備員や技術者の教育を開始している。

ヒトラー政権が成立すると、ソ連との軍事協力は解消されたが、ヒトラー政権に好意的なイタリアで軍事訓練を続けた。こうして、一九三五年三月一六日に、ヒトラーがヴェルサイユ条約の破棄とドイツの再軍備を全世界に向けて宣言し、ドイツ空軍は、ルフトヴァッフェとして再生を果たした。

一九三六年三月七日、ドイツがヴェルサイユ条約によって非武装地帯と定められていたライン川西岸のラインラントに進駐し、アーヘン、トリーア、ザールブリュッケンに駐留を開始した。

この時以降、ヒトラーは「前線の遙か後方にある大都市をドイツ空軍の爆撃機の大群がおそって爆弾をばらまく」という脅威を外交上の武器として利用し、事あるごとに「恐怖のドイツ空軍」のイメージを増幅して強硬な外交を進めた。

ヒトラーの腹心で航空大臣兼空軍総司令官のヘルマン・ゲーリング元帥は、当時まだお粗末であったドイツ空軍の規模を実際より過大に見せようと涙ぐましい欺瞞工作を行った。ゲーリングのはったりは効を奏し、英仏両国政府の意思決定に一定の効果をもたらした。

一九三六年七月、スペインで軍事クーデターによる内乱が勃発し、マヌエル・アサーニャ率いる人民戦線軍と、フランシスコ・フランコを中心とした反乱軍が衝突し、スペイン内戦が勃発した。

人民戦線軍を支援していたソ連は、急遽七〇〇機の航空機を送り、フランスも一〇〇機を売却した。反乱軍はドイツとイタリアが支援した。反乱軍にとって最大の支援国であったイタリアは、陸軍四個師団、航空機三〇〇機、そして海軍部隊で編制されたスペイン遠征軍を派遣した。

ドイツも義勇軍の名目で部隊を派遣した。空軍は、最初はわずかの戦闘機と輸送機を派遣して兵員の空輸を支援したが、逐次、増強されて二〇〇機となり、派遣部隊はコンドル軍団と命名された。

反乱軍は、最初の数ヶ月は劣勢であったが、一九三七年にドイツ空軍が新鋭のBf－１０９戦闘機、He１１爆撃機、Do17爆撃機を投入すると優勢となり、スペイン上空の制空権を確保していった。

一九三七年三月三一日、ドイツ軍とイタリア軍は、スペイン北部のドゥランゴとエロリオに無差別爆撃を実施した。一九三七年四月二六日には、コンドル軍団の爆撃機二三機、戦闘機二六機がバスク地方の古都ゲルニカを爆撃した。五四七二発の焼夷弾を含む波状攻撃で、ゲルニカの市街地の七四パーセントが破壊され、市民二〇〇〇人以上が死傷した。当時、ゲルニカには軍隊は駐留しておらず、無抵抗の市民を殺傷して国民の士気の低下を狙う戦略爆撃の嚆矢となったこの爆撃には世界中から非難がわき起こった。この爆撃は、至上初の都市無差別爆撃であった。

スペイン内戦は、一九三九年三月に終わり、コンドル軍団はドイツに帰還したが、誕生したばかりの新生ドイツ空軍のパイロット達にとって、スペイン内戦は来たるべき世界大戦に備えて実戦経験を積む絶好の機会となり、そして、新たな戦術を試す実験場となった。

当時、空からの爆撃は、地上部隊に大きな恐怖を与える心理的効果があり、兵士は航空機の姿が見えると抵抗するどころではなくなることは大きな戦訓であった。そして、ドイツ空軍は、正確な命中精度で地上の兵士や市民を恐怖に陥れる急降下爆撃機による近接航空支援と戦闘機の二機編隊ロッテとロッテを二組にした四機編隊シュワルムによる編隊戦闘に自信を深めていた。

後に、ハインツ・グーデリアン中将らの革新的な将校たちは、スペイン内戦での経験を経て、機甲部隊の機動力、突進力と急降下爆撃機による正確な近接航空支援を密接に連携させて大部隊を縦深突撃させる新たな軍事理論「電撃戦」を構想することになる。道路が良く整備されていた西ヨーロッパ諸国では、戦車や装甲車の高速機動に適していたからである。

ミュンヘン会議の衝撃

ドイツ軍のラインラント進駐に続き、アジアでは、一九三七年七月七日に日中戦争が勃発した。ヨーロッパとアジアで戦雲が漂い始めると、アメリカ国内でも陸軍航空隊を強化しようとする議論が高まった。

一九三七年一〇月、ルーズベルト大統領は、議会で「世界の平和愛好国民は、侵略者を実力で隔離する措置をとらねばならない」とドイツを牽制する演説を行った。この発言は、モンロー主義派の有力議員と新聞を刺激し、ルーズベルト大統領を弾劾するさわぎとなった。全米労働総同盟は、アメリカが外国の戦争に巻き込まれることに反対する決議をおこなった。

一九三八年三月、ドイツはオーストリアに進駐して全土を併呑した。この情勢を受けて、一九三八年九月に、独伊英仏の首脳がドイツのミュンヘンに集まり、チェコスロバキアのズデーデン地方の帰属をめぐる問題について話し合った。だが、チェコスロバキアがあてにしていた英仏両国は、戦争準備が遅れており、ドイツ軍、とりわけドイツ空軍を恐れていたこともあって、チェコスロバキア政府を抑えてドイツにズデーデン地方の割譲を認めた。そして、一九三八年一〇月、ドイツはズデーデン地方を併合した。

この時、ドイツ空軍は、爆撃機一二〇〇機、戦闘機一二〇〇機、輸送機五五〇機、偵察七二〇機、合計三六七〇機を擁していた。

ミュンヘン会議を受けて、アメリカではドイツとその軍事力に対する脅威論が高まっていった。ルーズベルト大統領は、日本と中国に対して気をもんではいたが、一番の関心はなんといってもヨーロッパにあった。

ルーズベルト大統領は、アーノルドをホワイトハウスに呼んで、ドイツの脅威と陸軍航空隊の現状について意見を求めた。アメリカでは、この一〇年間、不景気によって陸軍航空隊の整備が遅れていた。一九二七年から三一年にかけて予算は、二五〇〇万ドルから三〇〇〇万ドルの間で推移していたが、一九三四年には一二〇〇万ドルまで削減され、一九三八年に至っては三五〇万ドルまで低下した。

兵力も、一九二九年には将校一五〇〇名、下士官兵一万五〇〇〇人が在籍していたが、一〇年後の一九三九年になっても将校一七〇〇名、下士官兵一万七〇〇〇人までしか増員しなかった。装備していた一六一九機の航空機のうち、四四二機は旧式機であった。

アーノルドは、陸軍航空隊の現状を説明し、苦境を訴えた。ルーズベルト大統領は、アーノルドの報告に理解を示し、「空軍こそヒトラーがアメリカの力を理解する唯一のものである」との見解を表明した。同席していたハリー・ホプキンスと陸軍参謀総長に予定されていたジョージ・マーシャル大将は、アーノルドの意見を支持した。アメリカ政府内で、ドイツに対抗するために空軍力を強化するという政治的合意が得られたことは、長らく低予算に苦しめられていたアーノルドにとって大きな追い風となった。

一九三八年九月、ルーズベルト大統領は、軍備増強の措置の一つとして、国内の航空産業の実態調査を命じた。一年間に一万五〇〇〇機の航空機を製作するために、生産能力を拡大できるかどうかを判断するためであった。ルーズベルト大統領は、侵略国の脅威に対して、アメリカと西半球を防衛できるようアメリカの空軍力を増強しようとしていた。

航空戦力の不足を憂慮していたのはアメリカだけではなく、イギリスも同様であった。イギリスは、アメリカ製航空機の性能と信頼性を高く評価していた。一九三八年暮れ、イギリスは、アメリカに兵器購入使節団を送り、航空機市場の調査をした。一九三九年には、英仏購入委員会の事務所をカナダのオタワに開設するとともに、ワシントンに支社をおいて、アメリカ製軍用機の調査と調達を開始した。

一九三八年一〇月、イギリスの下院議員ウィンストン・チャーチルは、アメリカ国民に向かって「空軍という恐喝力を持つ全体主義国家に直面した議会民主主義国家は、悲痛にも実際的に不利である」とドイツを恐れているヨーロッパの実情を世界に訴えた。

一九三九年一月、ルーズベルト大統領は年頭教書で、なぜアメリカのエア・パワーを増強する必要があるかについて、次のように述べている。

「いまや世界はあまりにも小さくなってしまった。そして攻撃用の兵器はあまりにも早くなったので、大国が国際問題を話し合いで解決することを拒否すれば、いかなる国家も平和のお題目を唱えるだけでは安閑としてはいられない。もし、ある政府が戦争道具を拡充して、力の政策に固執するならば、相手国は防御用の兵器を持つことだけが、その安全保障となるだろう」

ルーズベルト大統領の演説により、ヨーロッパの情勢から一定の距離を置きたいとする孤立主義的傾向の強かった議会でも、防御兵器として空軍力を強化することへの理解は深まっていった。アーノルドのルーズベルト大統領に対する説明は、功を奏したのである。

一九三九年一月下旬、アーノルドはボーリング基地を視察したルーズベルト大統領に、改めて大型爆撃機の重要性と増産体制の不備を説明した。当時の主力爆撃機は、旧式のB-10とその後継機のB-18であったが性能も機数も不十分であった。

一九三九年四月、ルーズベルト大統領は、陸軍航空隊を五五〇〇機体制にするため、新たに三〇〇〇機の航空機を調達するための予算三億ドルを議会に要請した。

一九三九年八月、陸軍航空隊は、爆撃機の大量発注を開始した。アーノルドは、B-17を大量に取得しようとしたが、陸軍はその必要性を認めず、B-17は三八機が発注されただけであった。陸軍は、同時にB-24を三六機、B-25を一八四機、B-26を二〇一機発注すると発表した。B-24とB-26は、まだ原型機が飛んでもいなかったが、早急に爆撃戦力を拡大するために、あえて量産を命じたものであった。

ポーランドとフランスの降伏

一九三九年九月一日、ドイツ軍が「白の場合作戦」を発動して、圧倒的な軍事力でポーランドに侵攻し、第二次世界大戦が始まった。

ドイツ空軍は、開戦劈頭に航空撃滅戦を展開してポーランド空軍を三日間で壊滅させ、ポーランド上空の制空権を獲得した。ついで、爆撃機部隊が鉄道の操車場や幹線道路を爆撃してポーランド軍の動員や前線への移動を阻止した。また、ポーランド地上部隊の陣地や司令部を攻撃して味方の地上部隊を支援した。この間、ワルシャワなどの大都市も爆撃している。

第二次世界大戦の開戦を受けて、ルーズベルト大統領は、すべての交戦国に対し、「非武装都市の一般市民を空中から爆撃する非人道的野蛮行為を避けること」を求めた声明を発表した。

一九三九年九月一七日、ドイツ軍に呼応してソ連軍がポーランドに侵攻し、一〇月七日にポーランドは降伏して独ソ両国に分断併合された。英仏両国は、ドイツに宣戦布告したが、ポーランドへの軍事支援は行わず静観したため、ヨーロッパでは「奇妙な戦争（ファニー・ワー）」と呼ばれる不思議な平穏状態がその後七ヶ月間も続いた。

一九四〇年四月九日、ドイツ軍はデンマークとノルウェーに侵攻してたちまち占領した。ついで、五月一〇日には「黄の場合作戦」を発動して、オランダ、ベルギー、フランスに侵攻した。

一九四〇年五月、ルーズベルト大統領は、国家防衛研究委員会を創設し、そして、一九四一年には化学研究開発局を創設して国家防衛研究委員会を傘下に収めた。陸海軍は、官僚組織の軋轢や困難にもかかわらず、数千人に上る科学者と緊密に協力した。その成果は、原子爆弾、近接信管、水陸両用車両のような兵器だけではなく、熱帯用の医療品や殺虫剤まで及んだ。

この情勢を受けて、言論界の長老ウォルター・リップマンは、「もしも強大な敵空軍部隊が、ワシントン、ニューヨーク、ボストン、デトロイト、ピッツバーグ、シカゴ各都市から一時間たらずのところに基地を持ち、ただ一回の空襲で三万人から四万人のアメリカ人を殺傷することができると知ったら、アメリカ国民はいったいどう考えるか、自問自答すべきである」と述べている。

一九四〇年四月、ドイツは、デンマークとノルウェー、五月にベルギー、オランダ、ルクセンブルグに侵攻した。六月一〇日にはイタリアがイギリスとフランスに宣戦布告した。そして、六月二二日にフランスが降伏した。

一九四〇年六月、ヨーロッパの軍事大国フランスのあっけない敗北に驚いたルーズベルト大統領は、国家目標として航空機を年間五万機生産する教書を議会に送った。過去二〇年間にアメリカで生産された航空機は四万六〇〇〇機にすぎず、また、当時のアメリカの航空機生産数が年間五五〇〇機だったことをみても、この目標がいかに困難であるかがわかる。

このような国際情勢における陸軍航空隊のリーダーには、アメリカの航空機産業を指導できる強力なリーダーシップを持った人物が必要となった。アーノルドは、悲観主義を忌み嫌い、短気だが情熱的で、典型的な猛烈型のリーダーであり、人使いも荒かった。経歴、実行力、指導力、ビジョンのどれをとっても比類がなかった。航空技術に対する造詣も深く、ルーズベルト大統領は、アーノルドに大きな期待を寄せた。

この年、アメリカ政府は、将来の参戦に備え、学生に基礎的な飛行訓練だけでも受けさせて、パイロットの予備軍を増やしておくため、民間操縦士訓練プログラムを開始した。

イギリス本土航空戦

フランスのダンケルク海岸から英仏連合軍三四万人をイギリスに追いやったドイツ軍は、一九四〇年七月一〇日から、イギリス上陸作戦の前哨戦となる、ドーバー海峡の制空権を獲得するための航空侵攻を開始した。イギリス本土航空戦が始まったのである。

緒戦でドイツ空軍は、ドーバー海峡付近の輸送船や沿岸の港湾を攻撃し、七月中旬から内陸部の飛行場を狙った空襲を繰り返してイギリス空軍に打撃を与えた。

イギリス空軍の防空戦闘機は、ドイツ空軍に比べて劣勢であり、ヨーロッパで最後までドイツに抵抗していたイギリスの運命も風前の灯火となった。

優勢な海軍を有し、大西洋の制海権を確保していたイギリスは、制空権さえ失わなければ、侵略は防ぐことができると考えていた。そのため、一九三〇年代始めから大陸からの航空侵攻に備えて準備をしていた。ドイツとの融和政策をとったチェンバレン内閣ですら、空軍の予算は出し惜しみしなかった。

チャーチル内閣が発足すると、ビーバーブルック卿を航空機生産大臣に迎え入れて航空機や航空機用エンジンの増産を進め、ホーカー・ハリケーン戦闘機やスーパーマリン・スピットファイア戦闘機を開発した。

航空省は、電波により航空機を発見し捜索するレーダー・システムの開発をワトソン・ワットに依頼した。ワットは、高々度捜索レーダーと低高度監視レーダーを開発して、互いに死角を補完するよう配備するとともに、防空指令所と戦闘機部隊を連接する新たな防空システムを構築した。これにより、敵の航空機がイギリスの海岸線に到達する前から、レーダーステーションから機数、侵攻方向、高度が防空指令所に伝えられ、管制官は緊急発進した戦闘機を適切に管制して侵攻機に指向することができた。

ドイツ軍は、八月一三日から航空攻勢を開始した。八月一五日には、延べ一七〇〇機の大編隊がイギリス南部の飛行場に殺到し、イギリス空軍も一五〇機の戦闘機が発進して大規模な空中戦を行った。イツ空軍の急降下爆撃機Ju87は防御が弱く、護衛のBf１１０戦闘機は鈍重で、かなりの損害をこうむった。損失はイギリス側約三〇機に対して、ドイツ側は約七五機に達した。ドイツは、この敗北の日を「暗黒の木曜日」と呼んだ。

八月二〇日、チャーチル首相は、下院で空軍の貢献について、次のように演説している。

「人類の争いおいて、かくも多くの人（イギリス国民）が、かくも少ない人（パイロット）から、このような大きな恩恵を受けたことは、いまだかつてなかった」。

イギリス空軍戦闘機軍団司令官ヒュー・ダウディング大将は、イギリス本土航空戦に卓越した指導力を発揮するとともに、数的劣勢にあった戦闘機パイロットは困難に耐えて頑強に抵抗した。そして、イギリス国民もチャーチル首相の強い指導で団結し、苦境に耐えた。

八月二四日、予期せぬ出来事がおきた。ドイツ空軍の爆撃機が誤ってロンドンの市街地を爆撃したのである。チャーチル首相は、報復としてベルリンの爆撃を命じた。ヒトラーは、市民への無差別爆撃を行えば、戦争の泥沼化は避けられないとしてロンドン市街地への爆撃を厳禁としていたため、このイギリス軍のベルリン爆撃に激怒した。

九月七日、一〇〇〇機を越える大編隊がロンドン空襲に向かった。しかし、ロンドン空襲は、イギリス国民に決死の覚悟を決めさせることとなった。そして、ドイツがロンドンへの無差別爆撃に集中している間、イギリス空軍は、航空基地を修復し、崩壊寸前だった戦闘機軍団の体力を回復させる余裕も生まれた。

イギリス空軍の善戦で、ドイツ空軍の被害は増大し、航空機とパイロットの損失が増えていった。九月一九日にヒトラーはイギリス上陸作戦に見切りをつけて中止を命じたため、イギリス本土航空戦は山場を超えた。

イギリス本土航空戦は、レーダーで構成された防空システムと戦闘機部隊を機能的に連携させる防空戦闘で航空侵攻を阻止した偉大な戦例となった。そして、ドイツの進撃を止めたことで、第二次世界大戦の転換点となった。

イギリス本土航空戦でのドイツの敗北の原因については、次のとおりであった。

・ドイツ空軍は電撃戦に特化していたため、戦術爆撃機しか装備しておらず、空軍単独での渡洋攻撃を想定していなかった。

・戦闘機の航続性能が不足していたため、イギリス上空での滞空時間が少なく、制空権を獲得できなかったこと。

・途中から都市爆撃に目標を変えたこと。

また、イギリス北部に空母を有する強力なイギリス海軍も存在しており、制海権も獲得できなかった。ドイツの敗北は、まさに「負けに不思議の負けなし」の格言どおりの戦いであった。ドイツは、イギリス本土航空戦で、多数の航空機と優秀なパイロットを消耗したため、次に準備していた独ソ戦に大きな影響が出た。

イギリス本土航空戦のさなか、スティムソン陸軍長官は、ドイツ空軍の脅威とアメリカの現状について、次のように述べている。

「今日では、空軍力が国家の運命を決定している。ドイツは、その強大な軍事力で各国民をつぎからつぎへと制服してきた。地上では、各国とも大軍が動員されてドイツ軍に抵抗したが、地上軍を援護した空軍部隊によって、運命を決められた。我々は、今、重大な危機のさなかにある。空軍力を強大にするには、あまりにも時間が足りないのである」。

独ソ戦の始まり

一九四〇年九月、ドイツは、日本とイリアと日独伊三国軍同盟を締結し、アメリカの第二次世界大戦への参戦は、時間の問題となった。アメリカ政府は、史上初の平時の徴兵制度となる選抜徴兵制法を制定し、一六〇〇万人の若者が登録した。

一九四一年一月、アーノルドは、アメリカ本土を四等分し、それぞれの地域の防空と飛行訓練を担当する第一から第四の航空軍を新編した。

一九四一年六月二〇日、陸軍は、航空隊司令部と陸軍航空隊を統合して、「陸軍航空軍」を新設し、アーノルドを司令官に起用した。陸軍航空軍は、陸軍から完全に独立したわけではなかったが、地上軍と同格のメジャーコマンドとして独自に予算を組み、機材を開発し、作戦を計画して実行できるようになった。

ヨーロッパ情勢は、再び激動した。ドイツは、イギリス本土への攻撃と上陸作戦をあきらめ、その矛先をソ連に向けた。一九四一年六月二二日早朝、ドイツ軍は、ソ連への侵攻を開始した。独ソ戦「バルバロッサ」の始まりである。ドイツ空軍の一連の作戦で、ソ連空軍の大半は地上で撃破された。

アメリカ政府と軍部は、独ソ戦の開戦当初にソ連軍が大敗したこともあって二〜三ヶ月でソ連が敗北すると予測していた。しかし、快進撃を続けていたドイツ軍の進撃のテンポが遅れだしたことから、一〇月初め

陸軍航空軍司令官に就任したアーノルド（1940年）

までソ連が持ちこたえれば、独ソ戦が冬を越すことは確実な情勢となった。

ここにおいて、ソ連への武器供与に消極的だったルーズベルト大統領は決心を変更し、八月の大西洋会議（リビエラ）でチャーチル首相と会い、対ソ援助長期協定を結ぶことに合意した。

大西洋会議では、目前に迫っている戦争に「全ての人々が自らの政治形態を選択する自由を尊重する」という道義的意味付けを盛り込んだ共同声明「大西洋憲章」を発表している。そして、九月にアベレル・ハリマン特使をモスクワに送り、武器供与を調整させた。陸軍航空軍の増強の最中にあったアーノルドは、政府の決定により、イギリスに続いてソ連にもなけなしのP－39やP－17を供与しなければならなくなった。

大西洋では、ドイツ海軍の潜水艦Uボートによる通商破壊が始まった。一九四一年末には、Uボートの活動範囲は、アメリカ東部海岸から南米大陸北岸まで広がっていた。アーノルドは、大西洋を航行する艦艇の安全を確保するため、対潜哨戒を任務とする第一哨戒飛行軍を新設し、B－24を対潜哨戒型に改良したPB4Y－1を配備した。

第６章　アメリカの重点正面はヨーロッパか太平洋か

対日作戦計画「オレンジ計画」

アメリカでは、一九世紀以来ヨーロッパの情勢から距離を置く孤立主義は国是であり、モンロー主義として世論も支持していた。一方で対中貿易では、国務長官ジョン・ヘイが提唱した「門戸開放」、「機会均等」、「領土保全」を求める三原則で中国に関与しようとしており、アメリカのこの相反する二つの政策の間で日米対立が起きた。

日米対立は、アメリカがカリフォルニア、アラスカ、ハワイに続き、一八九八年の米西戦争でマリアナ諸島のグアムとフィリピンを併合して太平洋の覇権を握ったことに始まる。そこへ日本が日露戦争に勝利して脅威となったため、一九〇六年、アドナ・チャフイー陸軍参謀総長は国別の作戦計画「カラーコード計画」の作成を命じた。アジアに獲得した植民地の防衛はモンロー主義とは別とみなしていた。

日露戦争後、急速に中国大陸への進出をはじめた日本に対し、危機感を募らせたアメリカは、「カラーコード計画」では概案に過ぎなかった対日作戦計画「オレンジ計画」を、現実的なプランとして検討を開始した。

一九一一年の「オレンジ計画」の骨子は、次のとおりであった。

・フィリピン防衛の拠点として、ハワイに大規模な海軍基地を建設する。
・ハワイの基地を拠点として中部太平洋、ミクロネシアの島嶼を飛び石つたいにフィリピンに進撃する。
・パナマ運河が開通したことで、大西洋から太平洋へ戦力を集中させる。
一方、日本は、第一次世界大戦後、ドイツから割譲したマリアナ諸島のサイパン、テニアンの委任統治を始め、カロリン諸島のトラック島に海軍基地を築いたため、西太平洋でアメリカと権益が衝突する可能性が高まった。

一九二四年の「オレンジ計画」では、太平洋のアメリカ領土が日本から一撃を受けた後に開戦することが盛り込まれた。基本構想は、次のとおりであった。
・日本軍によるフィリピンやグアムの奇襲と占領を契機として開戦。
・マーシャル諸島やカロリン諸島の委任統治領を経て西太平洋に漸進。
・海上封鎖によって日本に無条件降伏を強要。
この時、太平洋を主戦場と想定していた海軍は、いまだ経験したことのない戦闘に直面することに気がついた。それは、日本軍が守る、要塞化した島嶼に強襲上陸して占領する水陸両用戦である。アメリカ軍は、一九一五年にガリポリで上陸作戦を経験したことはあるが、本格的な水陸両用戦における兵站、指揮統制、装備、訓練、戦術のすべてが未知の分野であった。

水陸両用戦を構想したのは、海兵隊のアール・エリス少佐であった。一九二一年、海軍はエリス少佐の構想を元に「海兵隊作戦計画７１２Ｄ」を完成させた。

その後、「オレンジ計画」は、何度か改定を経て、兵站管理、水陸両用戦、統合作戦その他多くの軍事分野における斬新で新たな概念が加えられて完成度が高まり、次第に具体的な対日昨戦計画へと修正されていった。

しかし、「オレンジ計画」は何度改定されても、「日本軍のフィリピンへの奇襲と占領」、「主力艦隊のハワイへの集中」、「日本軍が占領したフィリピンの奪還」、「海上封鎖による日本の屈服」を骨子に立案されており、「日本が宿命的に抱えている弱点を衡く」という基本方針は変わることはなかった。

対日戦略爆撃に関しては、当時は、まだ爆撃機の性能が不足していたため、「日本に降伏を促す手段として検討されたことが有る」という程度の認識であった。

戦略、戦術、兵站、進撃速度に関する議論は続いたが、一九三八年に策定された「オレンジ計画」でも、当初からの問題であった反攻発起の時期、フィリピンとグアムの防衛、兵力の集中等については、依然としてあいまいなままであった。

連合戦略計画「レインボー5」

対日戦略計画であった「オレンジ計画」を枢軸国に対応するため、連合国間に戦略を拡大したのが連合戦略計画「レインボー5」である。

戦争をアジアやヨーロッパに限定した地域戦争ととらえていた日本やドイツと異なり、アメリカ政府と軍の首脳は、アメリカの地理的環境と第一次世界大戦でヨーロッパへ遠征軍を派遣した経験から、地球的規模で軍事戦略を検討するようになっていた。その場合、西半球という地域概念が使用された。西半球とは、南北アメリカ大陸と大西洋及び太平洋の両大洋を含む地域を指していた。この西半球の安全保障がアメリカにとって最重要事項であった。

一九三八年一一月、陸海軍合同会議は、「カラーコード計画」を見直し、「日本、ドイツ、イタリアが連携し、イギリス、フランス以外のヨーロッパ諸国は中立を保っているという」想定で、ドイツとイタリアの侵攻と日本のフィリピン攻撃が同時に行われた場合の研究を開始した。

アメリカは、ドイツ軍がポーランドに侵攻した三ヵ月後の一九三九年六月、「カラーコード計画」に外交、同盟、連合作戦を加味した枢軸国に対する新たな連合戦略計画「レインボー計画」を策定した。「レインボー1」と「レインボー4」は主にアメリカ陸軍の、「レインボー2」、「レインボー3」、「レインボー5」は主にアメリカ海軍の要求に沿って策定されたものであった。

一九四〇年一一月、海軍作戦部長ハロルド・スターク大将が「ドッグ・プラン」を策定した。「レインボー5」は、「ドッグ・プラン」が明記していた「ヨーロッパ優先戦略」を踏まえて大西洋への攻勢を検討するものであったが、「太平洋のアメリカ領土に対する日本の先制攻撃で戦端を開き、アメリカが反攻する」という方針も「レインボー5」に引き継がれた。

「レインボー5」でようやく陸軍航空軍の任務が、次のとおり明らかになった。

・アメリカ本土、イギリス本土に航空基地を確保し、地上と海上ルートを確保して防衛する。
・劣勢を早急に克服し、イギリス本土を基地とする対独長距離爆撃能力を確立する。
・アメリカが参戦するまでは、全生産機数をイギリス空軍に貸与し、アメリカ参戦後は、両国で折半する。

一九四一年一月、ワシントンで米英参謀総長会議が開かれ、「対日問題が切迫しても、ヨーロッパ第一主義は不変で、対英武器援助は続ける」ことを再確認した。

統合戦略計画「ビクトリー計画」

海軍は、一九四一年五月に「レインボー５」の海軍版である「ＷＰＬ-46（作戦計画第四六号）」を完成させ、太平洋艦隊は「ＷＰＰａｃ-46（太平洋艦隊作戦計画第四六号）」を完成させた。

陸軍は、一九四一年九月にアメリカの統合戦略計画「ビクトリー計画」を完成させた。「ビクトリー計画」の前提は、「主敵をドイツと定め、ドイツを倒せばイタリアと日本は自動的に倒れると予測し、まずソ連にドイツを叩かせ、最終的にアメリカ軍をドイツ打倒に投入する。それまでの間、太平洋では守勢をとる」というものであった。

「ビクトリー計画」の柱は、「対英武器援助の継続・拡大」、「ソ連がドイツ軍を引き付けている限りソ連への援助を強化」、そして「アメリカ軍の対独最終攻撃を一九四三年七月一日と予定し、その戦力の拡大」であった。

「ビクトリー計画」は、実際には総合兵站計画の側面が強かったものの、その完成度は高く、計画主任のアルバート・ウェデマイヤー少佐は、戦後、「ビクトリー計画は、驚くほど戦争の実際と一致していた」と計画の先見性を高く評価していた。

このように、アメリカの軍事戦略は、連合戦略計画「レインボー５」を基調とし、統合戦略計画の「ビクトリー計画」、海軍の「ＷＰＬ-46」、太平洋艦隊の「ＷＰＰａｃ-46」、海兵隊の「７１２Ｄ」と、連合作戦、統合作戦、海軍作戦、水陸両用戦、兵站計画を網羅した総合的な体系となっていた。

対日戦に限るならば、日露戦争後の日本とアメリカとの緊張を背景に生まれた「オレンジ計画」から「レインボー５」に至るまで、アメリカの対日戦は、一貫して「海から日本を屈服させる」構想に貫かれていた。日本の先制攻撃によって戦端が開かれ、アメリカが大規模な遠征部隊を派遣して反攻するという基本構想は、三〇年以上にわたって対日戦の変わらない前提であった。

レンド・リース法

一九四〇年一二月二八日、ルーズベルト大統領は、炉辺談話で「アメリカは民主主義の兵器廠である」と発言し、同盟国への支援意図を強調した。しかし、戦争当時国に武器を援助することは、伝統的なモンロー主義に反するとして論議を呼んだ。アメリカ議会は、一九三五年以来、毎年中立法を制定していたからである。

一九四一年三月一一日、ルーズベルト大統領は中立法を廃止し、国内の反対を押し切って連合国への武器貸与を認めるレンド・リース法（武器貸与法）を成立させた。武器貸与の目的は、ヨーロッパと太平洋の戦場にアメリカ軍が参戦するまで、連合国は枢軸国の猛攻を耐えてもらうことにあった。

この法律は、アメリカ大統領に、「防衛することがアメリカ合衆国の防衛に不可欠と考える国の政府に、船舶、航空機、武器その他の物資を売却、譲渡、交換、貸与、支給し、処分する権限を大統領に与える」ことを認めるものであった。ついで、アメリカ政府は、武器貸与管理局を設置し、製鉄会社トップのエドワード・ステティニアスを長官に任命した。

さらに、四月には、武器貸与法が中国にも適用された。日中戦争中の蒋介石政権に航空機、武器、弾薬、軍需物資などを供給することは、交戦国の片方に軍事援助することになり、国際法上、中立国の立場を放棄したものと見なされ、再び国内で議論を呼んだ。ルーズベルト大統領は、「武器貸与法は火事を消すために、隣人にホースを貸すようなもの」と説明した。

レンド・リース法で貸与する兵器は、量産化とコスト削減のため、スペック・ダウンしたものが多かった。陸軍航空軍は、P‐39、P‐40、A‐20、B‐17、B‐24、B‐25、C‐47を貸与した。B‐17からは、軍事機密のノルデン爆撃照準器は撤去した。アーノルドは、ノルデン爆撃照準器を外国に渡すつもりはなかった。イギリス空軍には、排気タービン過給機を取り外したP‐38を提案したが、受け取りを拒否されている。ソ連には、合計一四七九五機を供与した。

これらの航空機は、ヨーロッパやアフリカで実戦に投入されたため、陸軍航空軍は、戦わずして貴重なデータを入手することができた。連合国空軍パイロットの血であがなった貴重な戦訓のおかげで、航空機により実戦に即した改良を加えることができたのである。

第7章　戦略爆撃の道徳的問題

戦略爆撃の道徳的問題

第一次世界大戦後、先進国の間では、敵国民を直接爆撃する行為について関心が高まっていた。ドイツのツェッペリン飛行船やゴータ爆撃機が前線から遥か後方のイギリスの都市を爆撃したからである。

爆撃の目的は、二つあった。一つは、ジウリオ・ドゥーエが提唱した「大編隊による爆撃で、敵の都市と経済基盤を破壊し、敵国民を被災させて戦争遂行を困難にして勝利する」という対価値戦略である。もう一つは、「大編隊で、敵の軍需工場や航空機工場を選定して爆撃し、戦争遂行基盤を破壊して勝利する」という対兵力戦略である。対兵力戦略は、正確な目標の選定、精密な爆撃照準器、そして昼間でなければ実行できなかった。

一九二三年のハーグ法学者会議（日米英仏伊蘭六カ国の国際法専門家による戦時法規改正委員会）では、「爆撃は、軍事目標に対して行われる場合に限り適法である」と対兵力戦略を肯定する宣言をしている。

アメリカでは、伝統的に政府も国民も都市に対する無差別爆撃を忌避していた。第一次世界大戦当時、ウィルソン大統領は、「戦争とは無関係の産業、商業、市民への爆撃は厳禁する」と発言している。

一九三三年三月、ジュネーブ軍縮会議に提出された草案では、「すべての国が航空機による爆撃の完全廃止を受諾する」ことを勧告した。当選したばかりのルーズベルト大統領は、「最終の目標は、地上戦および海上戦において、航空機のいかなる使用もいっさい禁止することでなければならない」と強硬な勧告案を提案させている。

しかし、一九三七年七月から始まったスペイン内戦では、ドイツのコンドル軍団が、スペインの古都ゲルニカを爆撃して多数の民間人を殺傷させた。ドイツ空軍総司令官ヘルマン・ゲーリングが後に「この爆撃はドイツ空軍の爆撃実験であった」と証言している。

ルーズベルト大統領は、一九三九年のソ連軍によるフィンランド爆撃で、「わが政府ならびに国民は、非武装市民への爆撃や低空からの機銃掃射、これら卑劣きわまる戦争行為を全力をもって糾弾する」との声明を発表している。アメリカ以外の国は、戦略爆撃の道徳問題を考慮していなかったのである。

一九四〇年初頭、国務長官コーデル・ハルは、日本軍による中国の都市への焼夷弾爆撃に激しく抗議している。この時、アーノルドは、「わが航空団は、軍事目標への高々度精密爆撃をその任務とする。都市部への焼夷弾使用は、軍事目標への限定爆撃という伝統的国家理念に相反する」と発言している。アーノルドは、軍需工場、軍港、空軍基地を目標とする昼間精密爆撃であれば、アメリカ政府や国民の道徳観に反しないため、許容されると考えており、そのためには、次の戦争ではどうしても昼間精密爆撃を成功させなければならなかった。

精密爆撃理論の萌芽

一九三〇年代、航空サービス戦術学校では、「敵国の心臓部に直接爆撃機を指向して、敵国の戦争遂行能力を破壊する戦略」が支配的になっていた。爆撃機部のドナルド・ウィルソン少佐は、「ある目標を破壊すれば一つの産業を破壊するか、生産を停止させるようなキーノード（緊要な結節点）」の選定を模索した。この考え方は、産業構造理論と呼ばれた。

こうして、都市における産業の集中度、産業の構成要素、その構成要素の相対的な重要性、緊要な目標の選定、そして、攻撃目標に対する脆弱性を判定するため、アメリカの各都市を目標にしたケース・スタディを重ねた結果、次のように航空戦略をまとめた。

・目標は、戦争遂行に影響を与える軍需工場とする。
・目標に与える破壊力及び爆撃機の防御力を増加させるために数百機単位の編隊とする。
・数百マイル離れた基地から出撃する。
・敵の高射砲や防空戦闘機が到達できない高々度を飛行する。
・爆撃照準器で爆弾を投下する。
・爆撃効果が期待できる昼間に爆撃する。

これが、「選別された目標に対する昼間高々度精密爆撃戦略」であり、この戦略を遂行するには、長距離性能と高々度性能を備えた大型爆撃機が必要であり、また、精密爆撃の鍵は爆撃照準器にかかっていたが、一九二七年にノルデン爆撃照準器が完成した。

ノルデン爆撃照準器は、自動操縦装置と爆撃照準器を連動させ、爆撃機が爆撃コースに入るとパイロットは機体の操縦を爆撃手にゆだねる。爆撃手は爆撃照準器を操作することによって、飛行方向のずれを修正しつつ、機体を正確な投弾地点に導く。そして、目標を正確にとらえるために、天気の良い、雲のない昼間に爆撃することが絶対条件であった。

第８章　陸軍航空軍の戦争準備

エア・パワーとは何か

第二次世界大戦が始まった一九三九年九月の時点での陸軍航空軍の戦力は、航空機一八〇〇機、パイロット五〇〇〇人であった。アーノルドは、ルーズベルトが標榜した年間五万機の生産態勢を確立し、部隊を増強しなければならなかった。この時、陸軍航空軍は爆発的拡大の途上にあり、アーノルドは、アメリカ史上最大前例の無い難事業を準備もなしにやり遂げようとしていることに気づいた。

そこでアーノルドは、まず、エア・パワーの概念を明確にした。ミッチェルの薫陶を受けたアーノルドは、エア・パワーとは、狭義の概念である「航空兵、航空機、航空機産業、エンジン産業、飛行場、補給処」のみならず、「航空路、気象観測所、無線航法装置、更に、有事に軍に転用できる民間航空、商業航空とそのパイロット、そして航空研究機関」まで含めた国家規模の概念として捉えていた。次の世界大戦は国家総力戦と認識していたアーノルドは、戦時は軍がアメリカの航空関連の資源を管理、統制し、そして航空機やエンジンのメーカーを育成しなければならないと考えた。アーノルドは、航空戦略家セバスキーが唱えた「エア・パワー国家としてのアメリカ」を目標としていた。

世界大戦は、「大洋を超える補給能力が戦争を制する」と考えていたアーノルドが最初に着手したことは、ヨーロッパとアジアに兵員と軍需物資を輸送する軍民両用の航空路を整備することであった。アメリカ本土、大西洋、太平洋に多数の飛行場、指向性無線航路標識（レンジビーコン）、無線航法管制システムを整備し、軍民の大編隊が安全に往来できるように航空路ネットワークを構築した。

第二次世界大戦中、陸軍空輸司令部は民間航空路を管轄下に置き、国内五万六〇〇〇キロ、国外一五万二〇〇〇キロの航空路を統制した。

陸軍航空軍の作戦計画と組織の編成

一九四一年八月、アーノルドは、来るべき世界大戦に備え、作戦計画の作成を命じた。第二次世界大戦を勝利に導いたとされる「ＡＷＰＤ-１（戦争計画部一号計画）」は、陸軍参謀本部計画部のハロルド・ジョージ中佐、戦術学校爆撃部のケネス・ウォーカー中佐、ヘイウッド・ハンセル少佐、ローレンス・クター少佐が策定した。

「ＡＷＰＤ-１」は、次の計画で構成されていた。

- 対独航空作戦計画
- アメリカ本土防衛計画
- 太平洋方面航空防衛計画
- ヨーロッパ反攻時の航空支援計画
- 対日航空作戦計画

計画の中心は対独航空作戦計画であり、目標は、ドイツの発電所と変電所五〇カ所、操車場と橋梁四七カ所、石油精製所二七カ所、航空機工場一八カ所、アルミニウム工場六カ所、マグネシウム工場六カ所の合計一五四であった。そして、目標の九〇パーセントを破壊するために必要な爆弾量を算定し、爆撃機一出撃あたりの爆弾量から必要な爆撃機数と出撃回数を割り出した。

ついで、大型爆撃機、双発爆撃機、戦闘機、輸送機、練習機の所要を見積った。最終的に、作戦機二万四五〇〇機（うち爆撃機一万機）、練習機三万七〇〇〇機、合計六万八〇〇〇機、兵員はパイロット一〇万人を含む二一六万五〇〇〇人と算出した。

陸軍航空軍を二〇〇倍に拡大するこの野心的な計画は、陸軍の計画からまったく逸脱していた。アーノルドは旧知のマーシャル参謀総長に直接談判した。陸軍航空軍をすでに空軍と認識していたマーシャルは、大方の予想に反していともあっさりと承認した。この決断により陸軍航空軍の未来が決まった。

陸軍航空軍は、次の世界大戦でアメリカの勝利に貢献してその存在を政府と国民に認めさせ、空軍として独立できる可能性が高まったのである。二万人に留まっていた陸軍航空軍は、アーノルドのリーダーシップで世界でも類のない空軍を目指して前進することになる。

陸軍航空軍の編成

アーノルドは、総勢で二一六万人と予想される陸軍航空軍を短期間で編成して組織化するため、地上部隊の制度を導入した。

陸軍航空軍の中核をなす戦略単位は、陸軍の師団に相当する中将が指揮する航空軍である。航空軍は、戦略爆撃を行う航空軍と戦術攻撃を行う航空軍に区分する。航空軍には、必要に応じて戦闘飛行群、偵察飛行群、輸送飛行群、写真中隊が隷属する。

航空軍の隷下には、少将が指揮する爆撃軍か戦闘軍をおく。各軍は准将が指揮する三個から四個の航空団を置く。航空団は大佐が指揮する三個から四個の飛行群をおく。航空団には、整備補給群が隷属する。一九四五年、二〇万人に膨れ上がった第九航空軍では、爆撃軍・戦闘軍と航空団の間に航空師団が便宜的に置かれていた。

陸軍の連隊に相当する作戦単位は、同じ機種を装備した三個から四個の中佐が指揮する飛行隊からなる飛行群（戦闘機は五四機から七二機、爆撃機は三六機から四八機）であり、飛行群を単位として、指揮系統を変えて部隊を増強したり、削減したり、解散したり、入れ替えを行う。

この編成は、陸軍軍人がよく馴染んだシンプルかつ効率的な組織であり、部隊の規模と指揮官の階級、そして職務権限がよくマッチしていた。そして、急速な動員に的確に対応できた。

マニュアルによる教育

アーノルドは、一九四一年秋から陸軍航空軍の動員を開始した。三〇億ドルを投入して、兵舎と訓練飛行場を建設し、大学寮やホテルを買い上げ、民間の指導員を雇い、教育体制を整備してアメリカ全土から若者を募集した。

陸軍航空軍には、ドイツ、イギリス、日本と違って下士官パイロットはいなかった。それは、単座の戦闘機といえども、パイロットがクルーのトップに立つので将校でなければならないとの考え方が背景にあった。

知性、勇気、リーダーシップが必要な将校の多くは、陸軍士官学校の卒業生とドイツや日本に比べて圧倒的に多い大学卒業生に求めた。最初にパイロットの適性検査を受けさせてパイロットを選抜し、残りから航法士、爆撃士、整備将校に振り分けた。

彼らは、おしなべてアメリカン・ウェイ・オブ・ライフの体現者だったことから、国家の危機に際して身を挺することは当然との高いモラルを持っていた。日本の知識人のように反軍意識が強いわけではなかった。

下士官搭乗員は、白人層に求めた。彼らは高校を卒業生した二〇歳前後の若者達であった。多くは、機関銃手になったが、専門技術がある者は、通信士、航空機関士、整備兵になった。この時、すでにアメリカはモータリゼーション社会に入っており、多くの若者が自動車に慣れていたことも幸いした。精密機械である航空機の取り扱いは、アメリカの若者の性に合っていたのである。

テキサス州サンアントニオにある陸軍航空士官学校で整列した士官候補生の前で演説するアーノルド（1943年）

陸軍航空軍は、教育にアメリカ社会を特徴付けている大量養成システムを導入した。それは、アメリカ国民の誰もが親しんでいるマニュアル（教範）を使用して、短期間で新人を一人前の兵士に育成する教育であった。マニュアルの種類の豊富さ、内容の詳細さは、他の追随を許さないレベルであった。

訓練は、非の打ち所がなく、陸軍航空軍は、アメリカで最大にして最良の教育機関といわれた。パイロットの操縦技量は、飛行訓練時間の多寡で左右されるが、平均して枢軸国の三倍の三六〇時間の飛行訓練を受けさせた。この三倍の飛行時間は、航空戦が鮮烈を極めた一九四三年から航空戦の結果にはっきりと表れることになる。

一九三八年の年間養成者数は三〇〇名であったが、徴兵制度が始まった一九四一年には三万人のパイロットと一一万人の航空兵を養成している。

一方、マニュアルで育ったアメリカ兵は、マニュアルに書いていないことに対応不能になる等、発想と行動が硬直化し、ドイツ兵に比べて柔軟性に欠けるとの批判があったが、実戦から得られた戦訓をすぐさまマニュアルに反映させて、部隊に徹底することで克服した。これも、アメリカの企業経営に倣ったものであり、陸軍航空軍の兵士は、マニュアルで育ち、マニュアルで戦ったのである。

航空機開発の特別委員会の勧告

一九三九年初め、アーノルドは、B-17やB-24に続く長距離爆撃機の開発を始めるため、チャールズ・リンドバーグに助言を求めた。単独太平洋横断飛行を成功させて名士となっていたリンドバーグは、ドイツ空軍総司令官ヘルマン・ゲーリング元帥の招待で、発展しているドイツ空軍を視察して帰国したばかりであった。

アーノルドは、リンドバーグが語るドイツ空軍の実態に深い関心を寄せた。五月、アーノルドは、ウォルター・キルナー准将を長とする委員会を設立し、軍用機の将来構想をまとめるよう指示し、そして、リンドバーグを陸軍大佐に復帰させて委員会に参加させた。

一九三九年九月、キルナー委員会は「陸軍は今後五年間で中型爆撃機、若しくは大型の爆撃機の開発を最優先すべし」との勧告を行っている。

ハーバード大学の協力

当時の陸軍航空軍では、手続きを省略した悪しき業務処理が横行しており、今後の作戦を計画し、作戦用資材を戦場に集積し、必要な航空機の生産を管理するにもデータが皆無の状態だった。

陸軍航空軍の生産管理責任者は、陸軍航空担当次官補ロバート・ラベットであった。ニューヨークの投資銀行出身のラベットは、優れた経営には正確な情報が必要なことを理解しており、ラベットの母校ハーバード大学のウォーレス・ドナム経営大学院長に協力を申し入れた。

ドナムは、戦争を支援する産業界のリーダーを育成する必要があること痛感し、ラベットの申し入れに同意した。一九四二年始め、アーノルドは、ハーバード大学経営大学院と協同で統計管理の教育コースを新設して将校を入校させる契約を取り交わした。

陸軍航空軍の統計管理計画主任は、チャールズ・ソーントン大佐であった。ソーントンは、まず、ハーバード大学の支援で生産管理システムを完成させた。その結果はすぐ現れた。

陸軍航空軍の航空機が飛ぶところはどこでも、航空機の態勢（戦闘可能機、修理不能機、使用不能機）、兵員の態勢（受けた訓練、死傷者、補充の必要数）、作戦の態勢（出撃回数、任務、攻撃した目標、任務達成の程度、航空機・兵員の現況）を記録して報告するようになり、これにより各航空軍司令官は、部隊の実態を正確に把握できるようになった。

アーノルドは、この作戦管理データを利用すれば航空作戦を合理的に行うことができると確信していた。

航空工学の世界的権威カルマンとの交流

アーノルドは、依然として「陸軍航空軍は、世界のトップになるにはまだ遠く、技術の進歩をもたらす実験的研究なしには、このままの低迷状態が続くに違いない」という疑念を持っていた。この疑念を払拭するため、航空工学の世界的権威セオドア・フォン・カルマンに相談を持ちかけた。

カリフォルニア工科大学グッデンハイム航空研究所長を務めていたカルマンは、カルマン渦に代表される空気力学の権威であり、また、飛行船、風洞、グライダー、ジェット機、ロケット等、二〇世紀に起きた航空宇宙のほとんどの業績に貢献していた。

一九三九年、アーノルドはカルマンに面会して、航空工学を発展させる方法と必要な実験装置の製造について意見を求めた。当時、高速飛行中に急降下した場合、機体は音速に接近して衝撃波が生じ、大きな問題になっていた。

カルマンはアーノルドに、「現在の陸軍航空軍に欠けているのは、高速流体力学での知識と経験であり、そのためには、航空機の実物を設置し、時速四〇〇マイルの風速を起こさせる実験風洞を建設すべき」と回答した。

アーノルドの決心は早かった。ライトフィールド基地に直径二〇フィート、四万馬力の動力で駆動する風洞を建設した。この風洞は多くの高速飛行の問題を解決した。ロッキード社が開発したP-38戦闘機が高速飛行中に激しい振動に見舞われる問題に苦慮しているとき、カルマンは、原因が新たな超音速空気力学の問題と判断し、原因究明に貢献している。

第9章　航空機の開発

作戦を想定していた。

ミッチェルの薫陶を受けていたアーノルドは、予想しているヨーロッパや太平洋の戦場では、次の航空作戦を想定していた。

航空作戦の区分

・敵の策源地を爆撃する戦略爆撃
・戦場後方にいて前線に向かう敵部隊、駅、道路、橋、補給所、燃料貯蔵所を攻撃する航空阻止
・見方の地上部隊と交戦している敵の部隊を直接攻撃する近接航空支援（この場合は、地上部隊指揮官が飛行部隊を指揮する）
・戦場で敵の戦闘機を撃破する制空
・敵情を把握する航空偵察
・物資と兵員を輸送する航空輸送

アーノルドは、このすべての作戦を遂行する機種をそろえる必要があると考えていた。

技術の粋を集めた航空機は、その国の技術基盤や生産体制が深く関係している。アメリカ製航空機の特徴は、タイヤ、プラグ、アルミニウム鋼、オイル、エンジンの信頼性が高く、部品の標準化が進んでいた

ため、大量生産に向いていた。機体設計が堅牢であったため、戦場での手荒い扱いに耐えられる頑丈な機体が多かった。通信器材や電子機器の信頼性も高く、性能も安定していた。燃料もオクタン値一〇〇の高品質の航空燃料を大量に調達できた。

アメリカ軍は、大量生産するため、陸軍と海軍のスペックを統一し、装備品には陸海軍統一符号「AN」を付けた。スペックを統一して成功した例として、一九三三年に開発されたブローニング一二・七ミリM２機関銃がある。M２は、有効射程が二〇〇〇メートルで、取り扱いが容易で故障が少なく、初速が早く、弾道の低進性が良かった。

陸軍航空軍では、戦闘機の翼内に四挺から八挺のM２を搭載した。これは、射程が長いM２で弾幕を作り、弾幕を通過する敵機に必ず命中して撃墜することを意図していた。また、一挺や二挺が故障しても必ず弾丸が発射できた。ドイツや日本の双発爆撃機であれば、一二・七ミリ機関銃弾でも十分に効果的であった。

日本の零戦は、大型爆撃機対策として二〇ミリ機関銃を搭載していたが、初速が遅く、有効射程が短いので、打ち合えば、M２が有利であった。とりわけ、M２を八挺搭載し、ロケット弾や爆弾を携行した戦闘爆撃機仕様のP-47の破壊力は絶大で、装甲車、トラック、列車の阻止攻撃に大活躍した。

陸海軍でスペックを統一したことは、すぐに効果が表れた。一九四二年八月、南太平洋ソロモン諸島のガダルカナル島を占領し、ヘンダーソン飛行場に、陸軍、海軍、海兵隊の航空機が展開してカクタス航空隊を編成した際、部品、機関銃、弾薬が共通だったため、最前線にいながら陸海軍間で融通できた。これは、陸海軍統合運用の思想が無かった日本軍では考えられないことであった。持てる国アメリカは、兵器のスペックを統一して陸海軍間の統合作戦態勢を確立していたのである。

陸軍航空軍は、すべての戦闘用航空機にM2を搭載していたため、第二次世界大戦はM2一機種で戦ったといっても過言ではなかった。

双発攻撃機、双発爆撃機の開発

アーノルドは、航空阻止や近接航空支援を任務とする、双発の爆撃機や攻撃機の開発が遅れていることを痛感していた。

一九三八年一月、乗員三名の双発攻撃機の要求性能を発表し、ダグラス社のA-20ハボックを採用した。一九三九年に初飛行したA-20は、速度が多少優れている以外は、特に高性能の機体ではなかったが、操縦性に優れ、故障しらずで高い稼働率を誇り、何より多少の損害をものともせずに帰還出来る、高い生存性が評価された、兵器としての本質を示した傑作機であった。

一九三九年二月、乗員五名の双発爆撃機の要求性能を提示し、マーチン社のB-26マローダーを採用した。B-26は、大馬力エンジンを搭載していたことから、大型爆撃機と同等の爆弾を搭載でき、高速性能を生かして活躍したが、操縦の難しさから初期型では事故が多発し、B-25に比べて生産数や運用国の数で大きく差がついた。

この時、ノースアメリカン社のB-25も採用し、名称は陸軍航空の先覚者「ミッチェル」の名を付けた。B-25は、機体サイズの割に爆弾搭載量が多く、頑丈で損傷に強く、整備が容易であり、短距離離着陸性能と飛行中の運動性能にも優れていた優秀機であった。一九四二年四月のドーリットル中佐の東京空襲に使用されたことでも知られている。

ダグラス社は、A-20の成功をもとに、より高性能のA-26インベーダー攻撃機を開発した。一九四二年

ダグラスA-20ハボック

A-20は、1938年に陸軍航空隊が示した乗員3名の攻撃機・爆撃機の開発要請に応じてダグラス社が設計した機体であり、1938年10月に初飛行した。

A-20は、高性能機ではなかったが、安定した操縦性と高い生存性を誇る取り扱いの容易な機体であったため、最初にフランスが発注し、ついでイギリス、オランダなどが発注した。

陸軍航空隊は、1939年5月に導入を決めた。レンド・リース法によりイギリスやソ連に供与され、広く利用されている。

当初、機首に爆撃手を配置していたが、機関銃を集中装備して対地攻撃機としても活躍した。海軍ではBDとして採用され、イギリスに供与された機体の愛称はボストンである。

✺ 性能データ:A-20G
全長:14.63m、全幅:18.69m、全高:5.36m、自量:7,250kg、
最大離陸重量:12,338kg、最大速度:510km/h、航続距離:1,650km、
最大航続距離:3,380km、実用上昇限度:7,255m、
武装:12.7mm機関銃×9、爆弾:904kg、エンジン:ライトR-2600サイクロン×2、離昇出力:2発で3,200hp、乗員:3名、生産機数:7,478機。

マーチンB-26マローダー

1939年に陸軍航空隊から出された乗員5名の双発中型爆撃機要求性能に対して、マーチン社は、速度性能を重視した円形断面で紡錘型の胴体に高い翼面荷重の高翼機B-26を提案した。B-26の性能は陸軍の要求を満足していたため、試作機を製作することなしに大量発注された。

B-26は、1940年11月に初飛行したが、訓練期間が必要だったため、実戦に投入されたのは1942年になってからであった。B-26は、高性能機であったが、操縦の難しさから事故が多発し、パイロットからは不評であった。

✺ 性能データ:B-26C

全長:17.09m、全幅:21.64m、全高:6.20m、自量:11,476kg、
最大離陸重量:17,327kg、最大速度:455km/h、航続距離:1,770km、
実用上昇限度:6,700m、武装:12.7mm機関銃×12、爆弾:1,8140kg、
翼下900kg、エンジン:P&W R-2800ダブル・ワスプ×2、
離昇出力:2発で3,840hp、乗員:7名、生産機数:2,642機。

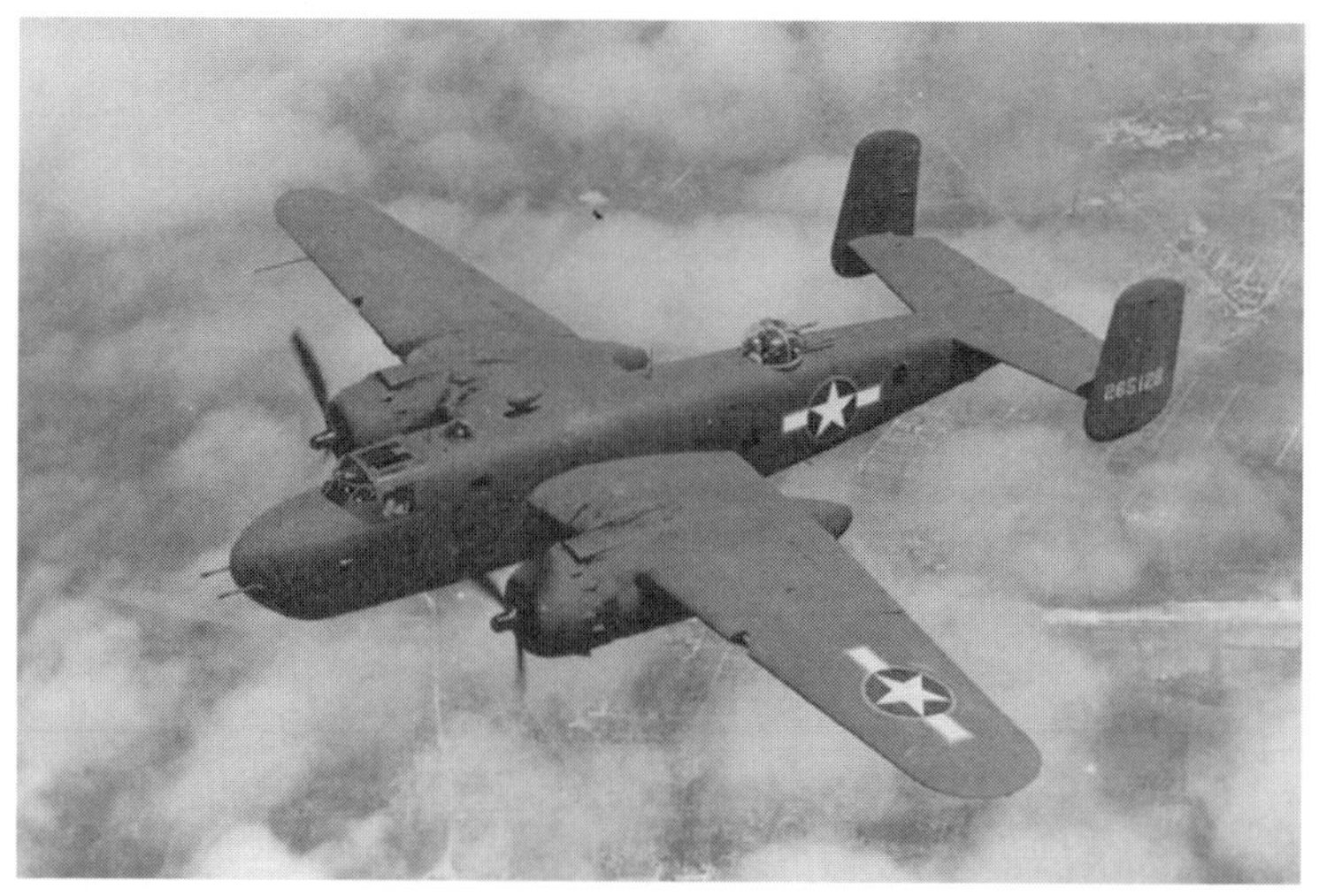

ノースアメリカンB-25ミッチェル

B-25は、1938年に陸軍航空隊が示した乗員5名の双発中型爆撃機の要求性能に応じてノースアメリカン社が開発したもので、1939年1月に初飛行した。

主翼は中翼式で、尾翼は双垂直尾翼である。B-25は、試作機を製作することなしなにいきなり発注された。

B-25は、操縦性が安定しており、頑丈で汎用性があったので、パイロットの評価は高く、第二次世界大戦ではあらゆる戦場で使用されるベストセラーとなり、イギリス、フランス、ソ連、オーストラリア、中国などに供与された。

愛称のミッチェルは、陸軍航空の創始者であるウィリアム・ミッチェル准将に由来している。

✹ 性能データ:B-25J

全長:16.13m、全幅:20.60m、全高:4.98m、自量:8,836kg、
最大離陸重量:15,876kg、巡航速度:370km/h、最大速度:438km/h、
航続距離:2,175km、実用上昇限度:7,600m、武装:12.7mm機関銃×12、
爆弾:1,361kg、ロケット弾、エンジン:ライトR-2600サイクロン×2、
離昇出力:2発で3,400hp、乗員:5名、生産機数:9,984機。

ダグラスA-26インベーダー

成功したＡ-20の後継機として1942年7月にダグラス社が完成したＡ-26は、攻撃型、爆撃機型、夜間戦闘機型の三タイプがある双発中型攻撃機である。

最大の特徴は、それまでの大型機には2人のパイロットを配置するという伝統に反して、1名のパイロットが操縦するという単操縦士方式を採用したことであり、そのため乗員は3名となった。

1944年から実戦に参加したが、強力な火力を要する取り扱いが容易な高性能機として部隊では歓迎された。高速と軽快な運動性によって敵の戦闘機に追尾されても振り切ることができた。海軍でもＪＤインベーダーとして運用された。

✵ 性能データ:A-26C
全長:15.62m、全幅:21.34m、全高:5.56m、自量:10,365kg、
最大離陸重量:15,876kg、最大速度:600km/h、航続距離:2,253km、
実用上昇限度:6,700m、武装:12.7mm機関銃×6、
爆弾:爆弾槽1,814kg、翼下907kg、ロケット弾、
エンジン:P&W R-2800ダブル・ワスプ×2、離昇出力:2発で4,000hp、
乗員:3名、生産機数:2,642機。

に完成したA-26は、エンジンがパワーアップされ、速度と搭載能力が向上し、運動性が優れていたが、部隊配備が遅れたために活躍の場は少なかった。

頑丈で使い勝手が良く、数もそろい、多様な任務に柔軟に投入できるこれらの双発爆撃機と双発攻撃機は、地道な活躍をしているが、地上部隊には大変好評であった。

戦闘機の開発

一九三〇年代、「世界最強の戦闘機」の言葉がマスメディアに踊り、各国は新鋭戦闘機の開発に血道を上げていた。一九三三年にボーイングP-26ピーシューター、一九三六年にセヴァスキーP-35、一九三七年にカーチスP-36ホークが完成したが、いずれも世界水準に遠く及ばない二流の機体であった。一九三〇年代のアメリカの航空機産業は、いまだ発展途上にあったのである。

アーノルドは、日本やドイツの戦闘機と対等に戦える戦闘機を必要としていた。一九三五年に戦闘機の競合試作を航空機メーカーに命じ、一九三八年にベルP-39エアコブラとカーチスP-40ウォーホークが完成した。

P-39は、一九三六年に出された陸軍航空軍の高々度迎撃戦闘機の要求へ応えて開発された機体である。完成した機体は高性能を示したが、陸軍航空軍が高々度迎撃戦闘機の要求を取り下げたため、機体が改修されて平凡な性能になった。

P-39が活躍したのは、レンド・リース法で供与したソ連であり、合計で四七七三機が送られ、空軍と防空軍に配備された。近接航空支援を主任務とするソ連空軍では、P-39は低高度での性能低下に苦しむことなくその本領を遺憾なく発揮できたので、大変好評であった。

カーチスP-40ウォーホーク

カーチス・ライト社は、自社のＰ-36ホークの空冷エンジンを排気タービン過給器付きの液冷エンジンに換装したP-40を完成し、1938年10月に初飛行した。Ｐ-40は、Ｐ-36よりも最高速度が50km/hも速かったので陸軍航空隊の主力戦闘機として採用された。また、レンド・リース法により、イギリス、カナダ、オーストラリア、ニュージーランド、ソ連など多くの空軍に供与された。アメリカ義勇航空隊（フライング・タイガース）で使用されたことでも知られている。

Ｐ-40は、飛行性能は平凡だが、防弾性が高く、機体構造が頑丈で、取り扱いが容易であったため、飛行部隊では好評であり、第二次世界大戦初期に活躍した。

Ｐ-40は、Ａ型からＣ型まではトマホーク、Ｄ型とＥ型はキティホーク、Ｆ型以降はウォーホークと呼ばれた。

✵性能データ:P-40N
全長:10.15m、全幅:11.37m、全高:3.77m、自量:2,812 kg、
全備重量:4,014kg、巡航速度:467km/h、最大速度:563km/h、
航続距離:1,207km、最大航続距離:1,979km、実用上昇限度:10,270m、
武装:12.7mm機関銃×6、爆弾:227kg×3、エンジン:アリソンV-1710、
離昇出力:1,150hp、乗員:1名、生産機数:13,738機。

ロッキード社で完成したばかりのP-38戦闘機を視察するアーノルド（コクピット内）（1938年）

撃墜王リチャード・ボング少佐と懇談するアーノルド（左）（1943年）

P-40は、P-36を空冷エンジンから液冷のアリソン・エンジンに換装した改造型である。しかし、第二次世界大戦開戦時には、基本設計が古いP-40はすでにドイツ軍戦闘機に性能面で見劣りしていた。

P-40は、性能的には平凡であったが実用性が高く、機体構造の頑丈さと防弾性能の高さは現場では好評であった。P-40は、量産体制が整っていたこともあり、世界各国に供与され、連合軍が劣勢であった第二次世界大戦初期に活躍した。

一九三九年に単座、双発、双胴というユニークな形状のロッキードP-38ライトニングが完成した。P-38は、第二次世界大戦初期には低高度性能が悪く、軽量で機敏な日本軍戦闘機との格闘戦に持ち込まれると被害が続発した。改良を重ね、ダッシュ力と急降下性能を生かした一撃離脱戦法に切り替えたことで優位にたった。

一撃離脱戦法とは、雲や太陽光などを利用して敵機に気づかれない様に上方から接近し、急降下して一撃してそのまま降下を続けるか、または急上昇して敵の追撃を振り切り安全圏に離脱する戦法である。後に、P-38のパイロットからリチャード・ボング少佐（四〇機撃墜）やトーマス・マクガイア少佐（三八機撃墜）などの撃墜王が誕生している。

ドイツ空軍の相手でも、爆撃機の護衛任務でドイツ空軍戦闘機を多数撃墜して活躍する一方、戦闘機離れした積載能力を活かして戦闘爆撃機として大きな戦果を上げ、ドイツ軍から「双胴の悪魔」と呼ばれて恐れられた。

輸送機の開発

陸軍航空軍は、一九四〇年九月にダグラスC-47スカイトレイン輸送機を採用した。C-47は、ダグラス社が開発したDC-3旅客機を軍用輸送機に改修した機体であり、武装兵二八人か二・七トンの物資を搭載した。

ノルマンディー上陸作戦などの大規模な空挺作戦において空挺部隊輸送の中核を担った他、物資輸送に多用され、アメリカ海軍、イギリス空軍でも使用された。

C-47は、平凡な性能ながら、故障知らずの頑丈な機体であり、戦場では馬車馬のごとく働き、一〇万機以上が生産された。C-47の評判は非常に良く、ヨーロッパ戦域連合国軍最高司令官ドワイト・アイゼンハワー大将は、戦後、連合軍の勝利に貢献した四つの兵器として、ジープ、バズーカ砲、原子爆弾と並んでC-47を挙げている。後に、より搭載量の多いカーチスC-46コマンド輸送機を開発した。

ロッキードP-38ライトニング

P-38は、ロッキード社が高々度を高速で侵攻する大型爆撃機を迎撃することを目的として製作した機体であり、1939年1月に初飛行した。ロッキード社では、優れた上昇力に加えて高々度を高速で飛行するため、排気タービン過給器付き液冷エンジンを採用するとともに双発にした。そのため、機体は、双胴で中央に乗員ナセルを配置した前車輪式というユニークな形状をしており、これにより、空気抵抗が抑えられるとともに、機首に機関銃の集中配置が可能となった。パワーに余裕があったので、ロケット弾や爆弾を搭載することができた。また、残存性が高く、片肺停止状態を含めてかなりの損傷を被っても生還できた。

当初、低高度性能が低かったため、格闘戦に持ち込まれれば劣勢であったが、一撃離脱戦法に切り替えたことで優勢になり、多くのエースパイロットを輩出するなど猛威を振るった。ヨーロッパ戦線では、戦闘機離れした搭載能力を活かして戦闘爆撃機として大きな戦果を上げ、ドイツ軍から「双胴の悪魔」と呼ばれて恐れられた。

✺性能データ:P-38L

全長:11.53m、全幅:15.85m、全高:3.00m、自重:5,797kg、
最大離陸重量:9,798kg、巡航速度:467km/h、最大速度:666km/h、
航続距離:764km、最大航続距離:1,770km、実用上昇限度:13,400m、
武装:20mm機関銃×1、12.7mm機関銃×4、ロケット弾×10～12、
爆弾:908kg/454kg×2、227kg/114kg×4、エンジン:アリソンV1710×2、
離昇出力:1,475hp、乗員:1名、生産機数:10,037機。

ダグラス　C-47スカイトレイン

C-47は、ダグラス・エアクラフト社が開発したDC-３旅客機の高い性能に注目した陸軍航空軍が、貨物ドアと床面を改修して軍用輸送機として採用した機体である。

基本型は、28名の兵員を輸送するタイプであるが、14床の寝台と看護兵3名を収容する患者輸送機型、貨物輸送機型、兵員輸送専用のC-53など派生型も多い。陸軍航空軍だけではなく、海軍、海兵隊、イギリス空軍で使用された。

輸送空軍に配備されたC-47は、性能は平凡だが操縦性が良く、飛行特性も安定しており、頑丈で取り扱いが容易であったため「空の架け橋」として兵員輸送、物資輸送、空挺作戦に多用され、傑出した働きをみせた。

✵ 性能データ：C-47A

全長:19.57m、全幅:28.96m、全高:5.16m、自重:7,698kg、
ペイロード:2,700kg、最大離陸重量:11,793kg、巡航速度:274km/h、
最大速度:369km/h、実用上昇限度:8,045m、航続距離:2,414km、
エンジン:P&W R-1830ツイン・ワスプ×2、離昇出力:2発で2,400hp、
乗員:4名、兵員:28名、生産機数:15,000機以上

第3部

第二次世界大戦の航空戦

第10章　シェンノートとアメリカ義勇航空隊

シェンノート、中国空軍顧問に就任する

蒋介石の国民党政府は、精強な日本軍に対抗するために空軍を強化する必要性を痛感し、アメリカ製航空機を導入するとともにアメリカ人パイロットを顧問として招聘することにした。蒋介石が目をつけた人物が、四八歳の万年大尉で気管支炎を患っていたクレア・シェンノートであった。一九三七年五月、シェンノートは中国空軍大佐に任命され、やとわれ参謀長に就任した。

一九三七年七月七日、盧溝橋事件が勃発して、宣戦布告が無いまま日中戦争が始まった。情勢が悪化し、八月一三日には戦火が上海に飛び火して第二次上海事変が始まった。

日本陸軍は、上海方面に約二〇〇機を展開した。日本海軍は、艦載機約一一〇機を搭載した空母「加賀」、「鳳翔」、「龍驤」を大連港に展開した。更に、木更津海軍航空隊（九六式陸攻二〇機）と鹿屋海軍航空隊（九六式陸攻一八機、九五式艦戦一二機）で第一連合航空隊を編成し、台北と大村に展開した。

これに対し、中国空軍は、揚州、広徳、筧橋に一八〇機を配備した。上海攻略に当たる日本軍にとって、最新鋭の戦闘機を揃えた中国空軍は侮りがたいものがあった。

八月一四日、蒋介石は中華民国空軍に航空総攻撃を命令した。中国空軍司令周至柔は、上海に上陸した

日本軍と長江にいる日本艦隊を壊滅させようとして攻撃機を出撃させた。この時は中国人パイロットの技量が未熟だったため、爆弾は目標であった日本海軍の装甲巡洋艦「出雲」を大きく外れて、上海の国際租界や繁華街に落下し、多数の中国人が死傷した。中国空軍の初陣は散々であった。

一方、日本海軍は、八月一四日から一六日にかけて陸上攻撃機による渡洋爆撃を実施した。大村基地と台北基地を出撃した陸上攻撃機は、片道一〇〇〇キロを飛翔して上海周辺の中国軍基地を爆撃した。

この三日間の悪天候を衝いた渡洋爆撃は、日本ではセンセーショナルに報道され、多くの国民に感銘を与えた。爆撃の成果は大きく、制空権は日本側に移っていった。しかし、九六式陸攻の被害が予想以上に大きく、僅か三日の攻撃で飛行隊長機を含む九機が未帰還、三機が不時着大破、搭乗員の損失は六五名に達し、作戦可能機は一八機と激減した。大損害であった。日本海軍は、高速を誇る九六式陸攻といえども、援護戦闘機がいなければ、脆弱であることを学んだ。

この航空戦は、長い間劣勢にあった中国空軍が、初めて有効に対抗した記念すべき戦闘となり、中国国民の士気は高まり、一四日の戦闘で二機撃墜、二機大破の戦果を挙げた高志航大佐は、空の英雄としてもてはやされた。

シェンノートは、日本軍との交戦で、次の戦訓を得ている。

・爆撃機は脆弱であり、戦闘機の護衛が必要であること。
・早期警戒網により効果的な迎撃戦闘が実施できること。
・日本軍の攻撃は散発的で戦力の集中を欠き、爆撃効果を半減させていること。
・爆撃を受けた中国国民の士気は衰えず、逆に闘志を燃え立たせて団結力を深めたこと。

一九三七年一一月に、日本陸軍の第一〇軍が杭州湾に奇襲上陸して中国軍の後方を遮断すると、中国軍は雪崩をうって退却したため、国民党政府は南京を捨てて、中国の奥地に政府機能を移転した。この間、中国空軍は果敢に応戦したが、九月に入り、日本海軍が新鋭の九六式艦戦を投入して以降、ほとんどの空中戦で劣勢に陥り、奥地の南昌や漢口に後退せざるを得なくなった。一九三七年一二月一二日に南京が陥落した。

その後も中国軍は敗走を続け、一九三八年一〇月二七日に漢口、漢陽、武昌が陥落した。中国政府は、内陸引込戦略を展開し、首都機能を重慶に移転させて抗戦した。

義勇航空隊の創設

並外れた行動力を持っていたシェンノートは、一九四〇年一一月にアメリカに一時帰国し、ルーズベルトや陸軍の要人に中国の苦境を説明し、中国政府を支援するために義勇航空隊（ＡＶＧ）の必要性を説いた。当時、アメリカと日本は友好関係にあった。義勇航空隊の中国派遣には外交上の摩擦が懸念されたため、マーシャルとアーノルドは反対であった。しかし、ルーズベルトは中国空軍のマークをつけた義勇航空隊の設立を承認し、大統領特別命令を出した。政治家であったルーズベルトは、このような常識にとらわれない行為を好む傾向があった。

義勇航空隊が装備する戦闘機はカーチスＰ-40と決まり、アーノルドはなけなしの一〇〇機を抽出して中国に貸与した。パイロットと整備員は陸軍、海軍、海兵隊から応募者を募り、最終審査まで残った要員は、パイロット約一〇〇名、整備管理要員約二〇〇名であった。これらの要員は、日本の中国侵略についての義憤から応募する者もいたが、六〇〇ドルの俸給と一機撃墜するごとに支払われる五〇〇ドルのボーナスに惹かれた者も少なくなかった。義勇航空隊は、一九四一年七月、ビルマのトングー基地で編成を開始した。

シェンノートは、中国戦線で研究した日本軍航空隊に対抗できる戦術をパイロットに教育した。重武装で頑丈だが鈍重なP-40が、軽快で小回りのきく日本機に対抗するには、格闘戦を避けて高々度からの一撃離脱戦法によるほかないこと、そして、日本機を単機の空中戦に誘い込んで二機で挟撃すれば勝機が生まれることを強調した。そのため、編隊を二機のロッテ編隊に変更した。

爆撃機に対しては正面下方からの肉薄攻撃を訓練した。義勇航空隊のモットーは、「一番勇敢な敵から倒せ、指揮官機を狙え」であった。また、シェンノートは、重慶を中心に早期警戒網を構築して、防空態勢を整えた。これらの戦術は理にかなったものであり、日本軍をおおいに悩ますことになる。

義勇航空隊の三個飛行隊には、それぞれ「アダムとイブ」、「パンダ」、「地獄の天使」いうニックネームをつけた。隊員の士気を鼓舞するためにP-40の機首に虎鮫（タイガー・シャーク）の口の絵を描いたので、フライング・タイガース（飛虎隊）と呼ばれた。シェンノートは、非能率的な中国の官僚制度、インド駐留イギリス空軍との確執、隊員同士の不和、部品や航空燃料の慢性的な不足という困難な問題と格闘しつつ、部隊の態勢を整えた。

第11章　真珠湾攻撃への道

ワシントン体制の崩壊

一九二二年にワシントンで締結された九ヵ国条約、四ヵ国条約、ワシントン海軍軍縮条約を枠組みとするワシントン体制は、アジア・太平洋地域の国際秩序を維持していた。しかし、日本は、次第にワシントン体制の打破を国家方針とするようになる。一九二七年の山東半島への出兵、一九三一年の満州事変と満州国の建国、一九三三年の国際連盟脱退は、ワシントン体制を否定する行為であった。

一九三七年七月の日中戦争の勃発によってアメリカ外交は最初の変化をみせた。ルーズベルト大統領は、イタリアのエチオピア侵攻、ドイツとイタリアのスペイン内戦への参加を見据え、「戦争は、アメリカ国民の平和を脅かす伝染病であり、その治療のためには隔離が必要である」と有名な隔離演説を行った。

その後、一九四〇年九月の日独伊三国同盟の締結、ＡＢＣＤ包囲網による日本の石油不足、一九四〇年九月の北部仏印進駐、そして、一九四一年七月の南部仏印進駐を潮目として日米関係が決定的に悪化していった。

継続的な日米交渉による打開の努力も続けられたが、日本との戦争も予期された。その場合、「レインボー５」で注目されていたフィリピンは、所在の戦力では強力な日本軍に対抗できず、急遽フィリピンの防衛力を増強することになった。

フィリピンでは、一九三七年一二月に陸軍参謀総長を退官したダグラス・マッカーサーが、父親アーサーの時代から親しんでいたフィリピン政府の招聘を受けて、フィリピン軍の軍事顧問に就任していた。一九四一年七月二六日、陸軍は、フィリピンに極東陸軍を創設し、マッカーサーを少将として召集し、翌日付で中将に昇進させて在フィリピン・アメリカ極東陸軍司令官に任命した。アメリカ陸軍中を探してみても、マッカーサーほどアジアに通じている将校はいないというのが理由であった。

日本軍の南部仏印進駐から二ヶ月後の一九四一年九月、ジョージ・マーシャル陸軍参謀総長とハロルド・スターク海軍作戦部長は、日本をドイツと同列の侵略国とみなす報告書をルーズベルト大統領に提出した。

アメリカから見れば、日本軍の南部仏印進駐は、ドイツと同様の自国の覇権拡大を意図した侵略に他ならなかった。こうして、一九四一年夏以降、アメリカ政府内で対日宥和派の勢いは急速に低下し、対日強硬派のスティムソン陸軍長官やモーゲンソー財務長官の発言力が増していった。

「レインボー５」によるアメリカの対日政策の基本姿勢は、「ヨーロッパに努力を傾注するため、日本との直接の戦争は避けつつ、日本がワシントン体制に復帰することを促す」であり、一九三九年七月の日米通商航海条約の破棄、

マーシャル陸軍参謀総長（前列左）を囲んで作戦会議中の参謀達とアーノルド（後列右から三人目）（1942年）

一九四一年七月の日本資産の凍結、一九四一年八月の対日石油禁輸は、いずれも「レインボー5」に沿った政策であった。そして一九四一年一一月のハル・ノートが直接的な契機となって日米開戦を迎える。

「レインボー5」の最大の問題は、日本が、アメリカ領土の「どこを、いつ攻撃するか。被害はどれほどか」を予測できないことであった。常識的には、フィリピンやグアムへの攻撃が予想されたが、決定権はあくまでも日本にあった。

太平洋戦争の形態

日本は、アジアにおける日本を中心とした地域問題の延長として日米戦を捉えていた。日本の太平洋での戦いは、海軍の担当であり、日本海軍の対米戦略は、日露戦争以来営々として築き上げ、練りに練ってきた漸減邀撃戦略であった。

日本は、第二次世界大戦は、国家総力戦になると想定していながら、歴史的な経緯と陸海軍の作戦担当地域から、太平洋の戦いで陸軍と海軍が協同する発想はなく、海軍のみで戦う漸減邀撃戦略にならざるを得なかった。また、日本海軍は、島嶼の戦いに必要な水陸両用戦も想定しておらず、準備もしていなかった。海軍陸戦隊の戦力と装備は、アメリカ海兵隊に遠く及ばなかった。

漸減邀撃戦略は、西太平洋を東西に走るアメリカのシーレーンと南北に走る日本のシーレーンが交わるマリアナ諸島東方沖を決戦海域と想定し、「西進するアメリカ艦隊を潜水艦と西太平洋の島嶼から発進する雷撃機の波状攻撃で漸減させた後に、戦艦を主力とする連合艦隊主力が決戦を挑んで撃破する」という構想であった。そのため、日本海軍は、世界の海軍の中では珍しく、長距離を進出して敵の艦艇を雷撃する双発の陸上攻撃機を多数装備していた。また、潜水艦部隊も充実していた。

漸減邀撃戦略は、一九二二年のワシントン会議以来、制限され続けていた、対米七割に満たない戦力で、どうやってアメリカ海軍に勝利するかを模索した結果生み出されたものであり、その背景には「Ｎ２乗の法則」があった。

「Ｎ２乗の法則」によれば、艦隊決戦における被害は、戦力の２乗に反比例するため、七対一〇の戦力は、艦隊運動をすると、戦力差は２乗倍の四九対一〇〇に一挙に拡大する。一九三〇年のロンドン海軍軍縮会議以降、日本が対米英七割を主張してきた理由がこのことであった。七割で一〇割の敵に勝利するには、決戦前に敵をできる限り漸減させなければ、勝ち目はないのである。逆にいえば、対米七割の戦力では、漸減邀撃戦略しか成り立たないのである。

漸減邀撃戦略の背景には、日露戦争における日本海海戦の成功体験があった。即ち、一回の艦隊決戦でアメリカ海軍を完膚なきまで撃破すれば、アメリカは停戦に応じるとの期待が込められていた。

漸減邀撃戦略の問題点は、日本海軍は一回の艦隊決戦しか想定していなかったのに対し、アメリカ海軍が大西洋艦隊から艦艇を太平洋に回航すれば、或いは多くの艦艇を建造して太平洋に集中させれば、「Ｎ２乗の法則」が成立しなくなること、そして、何度も艦隊決戦ができることであった。

一方、「オレンジ計画」以来、アメリカの対日戦略は、「海上封鎖によって日本に無条件降伏を強要する」ことであり、ここに日米間での戦争観の相違があった。即ち、漸減邀撃戦略の二つ目の問題点は、アメリカは日本に上陸して全土を占領するまで戦争を止めないので、艦隊決戦の結果で講和することはないのである。そして、早くから連合作戦と統合作戦を準備していたアメリカ軍は、太平洋戦線では、中国、インド、南西太平洋、中部太平洋の四方面から日本に反攻することになる。これでは、日本海軍のみでは、対応できなかった。

太平洋戦域における陸軍航空軍の任務は、海軍が担当する中部太平洋方面を除く三方面から、連合軍の反攻に呼応して航空軍を配備して日本まで攻め上ることであるが、アーノルドには、マッカーサーやニミッツが日本本土に到達する前に、なんとかB-29による戦略爆撃で日本を降伏に導こうとする思惑があった。

真珠湾攻撃の着想

日本海軍による真珠湾攻撃は、一九三三年にすでに日本の海軍大学校で研究していたので着想はあった。日本海軍が漸減邀撃戦略で待ち構えても、真珠湾から太平洋艦隊が出てこない場合は、真珠湾を直接攻撃するというシナリオである。

一方、二七年前にミッチェルが予言したように、アメリカが「オレンジ計画」により真珠湾に艦艇を集中させればさせるほど、真珠湾が日本海軍に攻撃される可能性は高まるのである。そして、真珠湾から二〇〇キロまで接近して、空母の艦載機を発艦させれば奇襲できる。これは、エア・パワー――に知見のあるミッチェルの卓見といってよいであろう。

当時の海軍の主力は戦艦であり、日本海軍が西太平洋の制海権を獲得しようとすれば、真っ先に真珠湾に停泊している戦艦群を攻撃することは明らかであった。空母の攻撃力に知見があれば理解できるように、艦上戦闘機隊による航空撃滅戦でハワイ上空の制空権を獲得する。次いで、艦上攻撃機隊による水平爆撃と艦上爆撃機隊による急降下爆撃で艦艇を撃破する。そして三五キロまで接近して、戦艦群の主砲による艦砲射撃でとどめを刺す、という作戦が考えられる。停泊している艦艇に対する砲撃は、命中精度が高いのである。日本海軍が、戦艦のいないフィリピンやグアムを攻撃する可能性は低かった。アメリカ軍は、フィリピンへの攻撃を想定していた「オレンジ計画」に囚われていた。そして、日本海軍の戦略と海軍航空隊の実力を正確に評価していなかったのである。

南方作戦を重視する海軍軍令部の指導に反し、真珠湾攻撃を、職を賭してまで推進したのは山本五十六連合艦隊司令長官であった。山本長官は、日本が東南アジアを攻略して戦略資源を獲得した後、東南アジアからのシーレーンを脅かす存在は、インドネシアのオランダ艦隊、インドとシンガポールのイギリス艦隊、そしてハワイのアメリカ艦隊とみていた。そのため、開戦初頭に最も強力なアメリカ太平洋艦隊を撃破し、西太平洋の制海権を獲得して陸軍の南方作戦を支援しようとしたのである。

山本長官が参考にした、軍港に停泊している戦艦群を空母の艦載機で攻撃するモデルは、一九四〇年一一月一一日にイギリス海軍が行ったイタリアのタラント港の艦艇を襲撃する「ジャッジメント作戦」であった。イギリス空母「イラストリアス」から発進したソードフィッシュ雷撃機二一機は、魚雷攻撃で戦艦「カイオ・デュイリオ」は着底、戦艦「コンテ・ディ・カブール」は座礁、戦艦「リットリオ」は大破という戦果をあげていた。

第12章　真珠湾攻撃

日本海軍の真珠湾攻撃

一九四一年一二月八日早朝、日本陸軍がマレー半島に上陸して太平洋戦争が始まった。

同日、南雲忠一中将率いる、空母六隻（航空機三五〇機）を基幹とする第一航空艦隊は、北太平洋をハワイまで遠征しハワイ、オアフ島の真珠湾を攻撃した。日中戦争で実戦を経験し、さらに猛訓練を積んでいた当時の日本海軍航空隊の技量は世界最高のレベルにあった。そして、日本海軍の情報保全は万全だったため、攻撃は奇襲となった。

アメリカ側の損害は、戦艦は四隻沈没、一隻座礁、三隻損傷、軽巡洋艦は三隻損傷、駆逐艦は三隻座礁、航空機は損失一八八機、損傷一五九機、死亡は軍人二三三四名、民間人三七名であった。

真珠湾攻撃は大成功であり、日本は西太平洋の制海権を獲得した。ただし、空母「エンタープライズ」と空母「レキシントン」、空母に随伴していた二隻の高速重巡洋艦は外洋にいたため無傷であった。真珠湾港の深さは平均一二メートルと浅かったので、後に戦艦四隻は引き揚げられて戦列に復帰しており、最終的にアメリカが失った戦艦は「アリゾナ」と「オクラホマ」だけであった。

日本海軍は、一二月一〇日にマレー沖海戦で、八四機の陸上攻撃機がイギリス東洋艦隊の主力戦艦「プリンス・オブ・ウェールズ」と巡洋戦艦「レパルス」を撃沈した。これは、航行中の戦艦を航空機だけで撃沈した世界初の海戦であった。一九四二年四月、第一航空艦隊はインド洋に進出して、セイロン沖海戦でイギリス空母「ハーミーズ」を撃沈した。これらの海戦での航空機と空母の活躍により、戦艦の時代が終焉したことが広く知られるようになる。

陸軍航空軍の戦闘

開戦時、陸軍航空軍の主力は本国にあり、一部がフィリピン、グアム、アラスカ、ハワイ、カリブ海に展開していた。「レインボー5」では、太平洋全域の防空は海軍、フィリピンは極東航空軍（司令官ルイス・ブレレトン少将）、ハワイはハワイ航空隊（司令官フレデリック・マーチン少将）で対応することになっていた。

日本海軍による真珠湾攻撃は、すでにミッチェルが二七年前に予言していた。またマーチン少将は、第五爆撃飛行群司令のウィリアム・ファーシング大佐と研究を行い、「日本海軍は六隻の空母で、北方から真珠湾を攻撃する。攻撃は早朝がもっとも有利であろう」と、日本軍の奇襲を的確に予想していたが、ハワイ方面陸軍司令官ウォルター・ショート中将は聞く耳を持たなかった。

アーノルドは、アジア情勢の緊迫を受けて、ハワイ航空隊に戦闘機と爆撃機を増強した。オアフ島のヒッカム、ホイーラー、ベローズ、ハレイワの各飛行場には、P-26、P-36、P-40、A-12、A-20、B-12、B-17、B-18等二二四機を配備したが、そのうちの稼働機は一四六機であった。しかしショート中将は、テロ攻撃から航空機を防護するため、狭いエプロンに集中配備するよう命じていたため、日本機の二派の攻撃で七六機が撃破され、八二機が損傷を受けた。

アメリカ政府の対応

当時、アメリカ政府は、東シナ海を南下する日本の輸送船団の動きはつかんでいた。そして、日本の暗号を解読して、日本軍の攻撃が近いことは把握していたが、どこを攻撃するか不明であり、フィリピンはともかく、真珠湾が攻撃されるとは予想していなかった。真珠湾攻撃の報告を受けたフランク・ノックス海軍長官は、「フィリピンではないのか」と部下に確認したという。そして、真珠湾での艦艇と兵士の被害は、アメリカ政府の予想を大きく超えていた。

アーノルドは、日本軍についての機密情報を受け取っておらず、真珠湾攻撃は寝耳に水であった。アーノルドは、世界に戦雲が漂い始めてから鋭意陸軍航空軍の増強に努めてきたが、結局、第一次世界大戦と同様に第二次世界大戦も準備不足で迎えたことに大いに落胆した。

真珠湾攻撃当時、陸軍航空軍の戦力は、爆撃機一八三二機、戦闘機二一七〇機、偵察機四七五機、輸送機二五四機、練習機・連絡機等七三四〇機、合計一万二〇〇〇機と数の上では堂々たるものであったが、その実態は、低性能の戦闘機や旧式の爆撃機が多数を占めていた。

真珠湾攻撃の翌日、ルーズベルト大統領は両院合同議会で、真珠湾攻撃は、「将来、恥辱として記憶に刻まれるであろう日」と演説して、国民に団結を呼びかけ、奮起を促した。議会は、絶対的平和主義者を除いて圧倒的多数の賛成で、日本に対する宣戦布告を承認した。

アメリカ政府は、日本が最後通牒を手交する前に真珠湾を攻撃したことを公表したため、アメリカ国民は、真珠湾攻撃を「だまし討ち」として憤慨した。そして、ポートランドの『オレゴニアン』紙が報じた「リメンバー・パールハーバー（真珠湾を忘れるな）」の言葉は、アメリカ国民にとって国威発揚の合言葉となった。

日独伊三国同盟には、戦争に関与していない国から攻撃を受けた場合にのみ、相互援助義務が生じることが明記されていた。一二月一一日、ヒトラーは、部下将軍達の反対を押し切ってイタリアとともにアメリカに宣戦布告した。同日、アメリカもドイツとイタリアに宣戦布告し、ここに、アメリカはアジアとヨーロッパの戦争に同時に参戦し、「レインボー５」を発動することになる。

アメリカ政府と軍部にとっては想定内の、アメリカ国民にとっては青天の霹靂となる第二次世界大戦への参戦であった。

アメリカの第二次世界大戦への参戦を最も喜んだのは、ヨーロッパで孤軍奮闘していたイギリスのチャーチル首相と中国の重慶で日本軍と戦っていた蒋介石であった。予想どおり、日本がアメリカ領土を先制攻撃したため、アメリカが世界大戦に参戦したからである。

ヨーロッパとアジアから遠く離れたアメリカは、ドイツと日本の攻撃を受けないため、巨大な軍需産業は連合国の兵器廠となる。また、アメリカの参戦により、ドイツは第一次世界大戦と同様に東西二正面作戦を戦うことになり、連合国は圧倒的に有利になる。しかし、イギリスも中国もアメリカの本格的な反攻が始まるまでの間、ドイツと日本の猛攻を持ちこたえなければならなかった。

一二月一八日、ルーズベルト大統領は、日本海軍による真珠湾攻撃を防げなかった責任を追及すべく、最高裁判事オーエン・ロバーツを長とする査問委員会の開設を指示した。そして、攻撃を受けた当日のハワイの各司令官たちが更迭された。アーノルドは、新ハワイ航空隊司令にクラレンス・ティンカー准将を起用し、部隊の再建を命じた。

マッカーサーの大失態

マッカーサーは、マーシャルに、「もし、フィリピンに航空戦力を充分に増強したならば、日本の南方航路を脅かして原料輸送を阻止し、日本の侵略計画を打ち砕くことができる」と訴えた。アーノルドは、マッカーサーの意向を受けて、増産が始まったばかりのB-17をフィリピン集中配備することにし、「手に入り次第、B-17をできるだけ多くフィリピンに送れ」と命令した。

多数の航空機の配備計画を聞いたマッカーサーは、「一二月半ばには、陸軍省は、フィリピンは安泰であると考えるに至るであろう。アメリカの高々度を飛行する爆撃隊は速やかに日本に大打撃を与えることができる。もし日本との戦争が始まれば、アメリカ海軍は大して必要がなくなる。アメリカの爆撃隊は、殆ど単独で勝利の攻勢を展開できる」と楽観的な予想を述べている。この自軍への過信と日本軍への油断は後にマッカーサーへ災いとして降りかかることになる。

アーノルドは、一九四一年一一月にフィリピン航空隊を極東航空軍に改編し、指揮官に古くからの友人であったルイス・ブレレトン少将を起用した。フィリピンに赴任したブレレトンは、マッカーサーと参謀たちが、日本軍の差し迫った脅威を肌に感じておらず、根拠のない楽観論が広まっていることに驚いた。彼らは、日本軍の攻撃は、一九四二年四月以降とみていた。

ブレレトンが指揮する極東航空軍には、P-26一六機、P-35五二機、P-40一〇七機、A-26九機、B-10一二機、B-18一八機、B-17三五機、計二四九機がクラーク、ニコルス、イバ、デルカルメン、デルモンテの各飛行場に配備されていた。しかし、B-17が一ヵ所に集まりすぎていることを懸念したブレレトンは、半数をミンダナオ島に退避させた。

一九四一年一二月八日三時四〇分、マッカーサーはサザーランド参謀長から、ラジオが日本軍の真珠湾攻撃を報じているとの報告を受けた。

五時三〇分、陸軍省からマッカーサーに真珠湾攻撃を知らせる電話があった。

「レインボー5」では、フィリピンが攻撃された場合は、台湾の日本軍基地を攻撃することは明記されており、B-17の航続能力で台湾攻撃は可能であった。目標の情報もすでに把握していた。

七時一五分、日本軍の真珠湾攻撃によって「レインボー5」を発動すべきと判断したブレレトンは、マッカーサーにB-17で台湾の日本軍基地を攻撃すべく面会を求めたが、間を取り次いだサザーランド参謀長に拒否された。

八時、アーノルドは、ブレレトンに電話して、日本軍の奇襲攻撃を受けて航空機を地上で破壊されないよう命令した。

九時二五分、ブレレトンは、二回目の意見具申をしたが、マッカーサーは再び拒否して、自室に閉じこもってしまった。

航空作戦の基本は攻勢であり、そのため、航空部隊指揮官は、配下の飛行部隊が奇襲攻撃を受けて防勢に陥り、地上で撃破されることを極端に嫌う。航空作戦における奇襲は、もし成功すれば、軍事バランスを一挙にひっくり返す最良の方法になるのである。

日本軍の奇襲を恐れていたブレレトンは、B-17とP-40を空中に退避させた。

一〇時一四分、マッカーサーがようやく台湾攻撃を許可したため、ブレレトンは、クラーク飛行場にB-17とP-40を着陸させて出撃準備をさせようとした。

B-17とP-40の大半が出撃準備中に日本海軍の零戦八四機と陸攻一〇六機がクラーク飛行場とイバ飛行場を襲撃した。不意を突かれたアメリカ軍は、数機の戦闘機を離陸させるのがやっとであったが、その離陸した戦闘機もほとんどが撃墜された。地上のアメリカ軍機も次々に撃破された。

この攻撃でB-17一八機、P-35とP-40五八機、その他三二機、合計一〇八機を失い、初日で戦力は半減した。その後も日本軍の反復攻撃によって、残存数は二〇機となり、極東航空軍は何ら戦果を挙げることなく、開戦初頭に壊滅した。

ブレトンは、退避させていた一四機のB-17をオーストラリアのダーウィンに後退させた。その後、ジャワ島のマランに展開させて日本軍に反撃し、一矢を報いている。

ハワイの第七航空軍に引き続き、フィリピンの極東航空軍も戦わずして壊滅したとの報告を受けたアーノルドは、これまでの努力が無駄になったと激怒した。奇襲を受けた第七航空軍はともかく、事前に情報を得ていたマッカーサーの不適切な指揮で、極東航空軍が敗北したことは許されなかった。

その後、マッカーサーは、日本人に対する人種的偏見からか、「戦闘機を操縦しているのはドイツ人らしい」と責任逃れともいえる報告をしている。また、「日本軍の陸軍、海軍機あわせて七五一機が飛来し、彼我の差は七対三という圧倒的不利な状況下にあった」と実際とは異なる報告をした。

第一次世界大戦での陸戦の経験しかなく、しかも、長い間現役から離れていたマッカーサーは、日本の脅威と航空戦の実態を理解していなかった。極東航空軍の壊滅は、マッカーサーの輝かしい軍歴に汚点を残す大失態であった。

マッカーサーは、日本軍の真珠湾攻撃後の一二月一八日に大将に昇進している。

米英軍事会議の開催

真珠湾攻撃の二週間後の一二月二三日、チャーチル首相はワントンを訪問し、米英軍事会議（アルカディア）を開催して、「ヨーロッパ第一主義、対英軍事援助の推進」を再確認した。当面は、対日戦を優先して西太平洋地域を防衛するため、米英蘭豪（ＡＢＤＡ）司令部を新設し、司令官にはイギリス陸軍のアーチボルド・ウェーベル大将が就任した。そして、蒋介石を中国戦域の最高司令官とすることで合意した。

ドイツとの闘いは、ドイツ本土とその占領地帯にある軍需施設、燃料施設、インフラを破壊して生産機能を低下させ、同時に都市機能を崩壊させてドイツの継戦努力の粉砕を目的とした大規模な戦略爆撃を行うことが決定された。

一九四二年一月一日、アメリカ、イギリス、ソ連、中国が連合国共同宣言に署名し、翌日、さらに二二カ国が署名して、枢軸国に対する徹底抗戦と単独不講和に合意した。枢軸国に対抗する連合国が誕生したのである。

真珠湾攻撃は、アメリカ軍にとって日本軍に対する戦争行為の免罪符となり、東京大空襲も原子爆弾の投下も、関係者は日本が真珠湾でだまし討ちをしたことが理由と抗弁することになる。

義勇航空隊の戦闘

アメリカの対日戦の参戦によって、義勇航空隊には正式に「イギリス空軍と共同して援蒋ルートを防衛する任務」が与えられた。シェンノートは、一個飛行隊をラングーンのミンガラドンに進出させ、二個飛行隊を昆明に後退させて、ローテーションさせながら戦うことにした。

一九四一年一二月二〇日、義勇航空隊は昆明上空で初めて日本軍の爆撃機と交戦し、六機を撃墜した。二三日には、イギリス空軍と共同でラングーンに飛来した日本軍の戦爆連合編隊七四機を邀撃し、一〇機を撃墜したが四機が撃破されている。二四日には、日本軍の戦爆連合編隊七八機を邀撃し一九機を撃墜している。この時の空中戦では、日本陸軍の新鋭戦闘機「隼」を撃墜している。

一九四二年に入ると、シェンノートはさらに攻勢に転ずることを決め、タイの日本軍基地に奇襲を敢行した。これらの奇襲攻撃によって多くの日本軍機が地上で撃破された。三月にラングーンが陥落すると、義勇航空隊は昆明に退却した。この時期にはP-40はわずか四〇機になっていた。

太平洋戦争開戦初期、破竹の勢いで進撃する日本軍を相手に善戦したシェンノートと義勇航空隊は、敗戦の報が続くアメリカ国民にとって唯一の希望であった。

ヒマラヤ越えの空輸作戦

第二次世界大戦のアメリカの世界政策の中では、中国―ビルマ―インド戦域の優先順位は低かったが、中国に対しては将来の日本反攻の拠点として、レンド・リース法に基づき軍需物資を援助していた。重慶に首都機能を移転させていた中国政府は、弾丸一発すら製造できなかった。

一九四二年一月、ジョゼフ・スティルウェル中将を中国に派遣することになった。スティルウェルには、中国に対するレンド・リース法の執行、ビルマ公道の維持、そして蒋介石の軍事顧問の任務が与えられた。しかし、広大な中国大陸はそのほとんどが日本軍に占領され、フランス領インドシナやビルマも日本軍の占領下にあって援蒋ルートは閉鎖された。そのため、中国派遣アメリカ陸軍に対する軍需物資の輸送は、インド東北部のアッサムからヒマラヤ山脈を越えて昆明に至る空路に頼るほかはなかった。

一九四二年一月、アーノルドは、空輸によって中国への軍事援助を継続することは可能であることをルーズベルト大統領に報告した。この輸送作戦は、主要な補給手段を空輸のみに依存する史上初めての試みとなった。

一九四二年四月八日、第一〇航空軍の第一便、C-47が航空燃料を満載して離陸した。インド北東部の飛行場から昆明までの九〇〇キロにすぎなかったが、途中には標高四五〇〇メートル級のヒマラヤ山脈が立ちはだかっており、兵士は恐怖の念を込めてこれらを「ハンプ（地こぶ）」と呼んだ。

航空輸送は当初は月間三〇〇トン程度であり、八月には月間七〇〇トンに達したが、この程度の輸送量ではとうてい中国戦線を維持できなかった。輸送には新たに開発されたC-46輸送機が投入された。さらに、ルーズベルト大統領が再三指示を出したため、輸送量は一九四二年七月には三〇〇〇トン、九月には一万トン、一二月には一万二〇〇〇トンまで急増した。

輸送量は増加したが、それに伴い事故も増加した。文明の果てともいえるこの地での空輸は、輸送機は出発地の天候さえ良ければ途中の経路や目的地の気象がどうあれ、出発しなければならなかった。満足な航法援助施設も通信手段もなかった。モンスーンのシーズンに入ると雲中飛行が多くなり、気象の変化が激しく、激しい乱流にもまれた。もし、山岳地帯の森林に墜落すれば、生還することは不可能であった。

一九四三年六月から一二月までは最悪であり、一五五機の輸送機が墜落し、一六八人が死亡した。一一月は一か月で三八機が墜落するという惨状であった。この高い事故率と脱出後の生還が絶望的なことから、将兵の士気は沈滞した。

ヒマラヤ越えの空輸作戦では約四〇〇機が未帰還となった。その後は、C-54、C-87、C-109の輸送機が次々に投入されるにしたがい航空機事故も低下し、輸送量が増加していった。ハンプ越えの空輸作戦は、太平洋戦争終結まで三年半の間続けられた。

アーノルド、統合参謀本部で苦悩する

一九四二年初頭、イギリスと連合作戦を行うため、米英参謀総長会議が発足したが、イギリスには統合参謀本部があったが、アメリカには同様の組織がなかった。一九四二年二月、ルーズベルト大統領は、大統領令を発して、陸軍航空軍を地上軍や補給軍と同等の部隊に格上げした。

陸軍参謀総長ジョージ・マーシャル大将、海軍作戦部長ハロルド・スターク大将、アメリカ合衆国艦隊司令長官アーネスト・キング大将、陸軍航空軍司令官ヘンリー・アーノルド中将が統合参謀本部のメンバーに任命された。

当時、陸軍航空軍は、すでに大きな役割を担っており、作戦指揮権も陸軍の地上軍から独立していた。しかし、歴史も浅く、組織的にはまだ陸軍の一部に過ぎなかった陸軍航空軍司令官のアーノルドを、陸軍参謀総長や海軍作戦部長と同等とみなすことに否定的な意見があった。

海軍の強い反対を押し切ってアーノルドが統合参謀本部のメンバーに任命されたのは、イギリス空軍参謀総長チャールズ・ポータル大将に対応させるために、ルーズベル大統領が配慮したものであった。

その後、スタークのヨーロッパ転出に伴い、キングが海軍作戦部長を兼務し、そして、新たに長老のウィリアム・リーヒ退役海軍大将を議長に迎えて態勢が整った。

ルーズベルト大統領は、アメリカ軍の最高司令官として、軍事戦略と統帥に関しては、陸海軍長官を交えず、直接、統合参謀本部のメンバーと協議して決めるやり方をとった。統合参謀本部は、戦争計画、軍事戦略、同盟国との軍事関係、武器、輸送、兵力、陸海軍統合政策について、直接、ルーズベルト大統領にアドバイスをした。統合参謀本部には、法的な裏付けはなく、公的な位置付けや責任は曖昧であったが、ルーズベルト大統領のリーダーシップで有効に機能した。

イギリス空軍参謀総長チャールズ・ポータル大将とアーノルド(右)(1943年)

アメリカ統合参謀本部。左から、アーノルド、ウィリアム・レーヒ海軍大将、アーネスト・キング海軍大将、ジョージ・マーシャル陸軍大将(1944年)

ルーズベルト大統領は、かねてより、政府首脳や陸海軍長官を通さずに、直接担当者と協議して決めるやり方を好んでいた。外交や軍事については、リーヒや「ルーズベルトの影の半身」と呼ばれたハリー・ホプキンスなどの側近と相談して物事を進めていたので、ルーズベルト大統領の信頼の厚いリーヒを統合参謀本部に迎えたことは好都合であった。

一方、階級がものをいう軍人社会では、昇任した年によって序列が決まる。リーヒは一九三六年、マーシャルは一九三九年、キングは一九四一年に大将に昇任していたが、アーノルドは、一九四一年一二月一五日にやっと中将になったばかりであった。

ルーズベルト大統領の補佐に熱心な海軍の長老リーヒ、海軍のことしか眼中にない傲岸不遜のキング、アメリカ陸軍史上最も偉大な軍人といわれ、ルーズベルト大統領ですらファースト・ネームで呼ぶことためらうほど威厳があったマーシャルの間で、アーノルドは子供扱いされた。

特にキングは、アーノルドに冷ややかで、話しかけることはほとんどなく、エア・パワーについてもマーシャルに直接問題を提起した。アーノルドは、「私はもうすぐ六〇歳になろうというのに、陸海軍の上官たちは私を空軍の坊やと呼ぶ」と側近にぼやいている。さらに、「日本本土を爆撃する手立てを一刻も早く考えよ」と立ち遅れていた陸軍航空の強化に意欲を示していたルーズベルトの強いプレッシャーもあった。

アーノルドにとって統合参謀本部の勤務は、予想外の苦痛であり、心労が伴うものであった。統合参謀本部のメンバーは、第二次世界大戦終結まで変わることはなかった。

日本海軍の新鋭戦闘機「零戦」の衝撃

マッカーサーは、フィリピンに侵攻した日本海軍の戦闘機は空母から発進したと信じていたが、攻撃機に随伴していたのは、台湾から発進した零式艦上戦闘機（「零戦」または「ゼロ戦」）であった。当時、陸軍航空軍には台湾からフィリピンまで往復飛行できる戦闘機はなかった。

零戦は、九四〇馬力のエンジンを搭載した艦上戦闘機で、軽量の機体に速度、火力、機動性がバランスよくまとまっていた。また、機体外に燃料タンクを装備していたため、三〇〇〇キロという破格の航続性能を有していた。零戦は中国戦線では無敵であった。

中国での空中戦で零戦の高性能を察知したシェンノートは、本国にレポートを報告していた。さらに、一九四〇年に一時帰国した際にもマーシャルに直接報告している。マーシャルは国務長官コーデル・ハルにも報告した。しかし陸軍省の分析官は、シェンノートの報告を「実にばかげている」と認めず、シェンノートの錯覚か、あるいは中国軍パイロットの未熟さをごまかすための捏造と決めつけた。その背景には、日本は高性能戦闘機を開発できないという先入観と、日本人は先天的にパイロットに向いていないという人種的偏見があった。

一九四一年、中国駐在陸軍武官補のポール・フリーマン大尉は、撃墜された零戦の残骸を調査し、零戦の長所と短所を分析して詳細なリポートを陸軍情報部に送っている。アメリカ軍にとって、これまでの日本人と日本軍に対する認識を覆した零戦は大きな衝撃であった。

一九四二年七月、アリューシャン列島のアクタン島でほぼ完全な零戦が発見された。これは、ウナラスカ島のダッチハーバーを攻撃した際に被弾し不時着した機体であった。アメリカ軍はこの「アクタン・ゼロ」を回収して、本国に持ち帰り飛行試験を行った。その結果、零戦は格闘性能と航続性能は当時の世界のどの戦闘機よりも優れていたが、軽量化したために防御力と耐弾性を犠牲にし、防弾鋼板や防漏式燃料タンクを備えていないという欠点が明らかになった。

陸軍航空軍は、これら情報をもとに、零戦対策を強化し、戦闘機の戦術を改良していった。

新戦闘機の開発

当時、高速戦闘機には断面積が小さい液冷エンジン機が有利と考えられていた。しかし、アーノルドは、もし液冷エンジン機の開発が失敗した場合に備えて、空冷エンジン機も開発させた結果、生まれたのがリパブリック社のP-47サンダーボルトであった。

戦闘機としては大型であったP-47は、離陸滑走距離が長く、重量が重たいので機動性が悪かった。しかし、機体が頑丈で被弾に強かったため、パイロットからは高い信頼を得ていた。加えて、火力が強力であり、八挺のM2機関銃から発射される大量の弾丸は弾幕となり、照準器に捕えた目標を容赦なく撃墜した。

P-47は、二三〇〇馬力のエンジンが繰り出す強力なパワーと十分な兵装によって、ドイツ爆撃に向かう爆撃機の護衛任務を果たしたが、ロケット弾を搭載して戦闘爆撃機としても重宝された。とりわけ、ドイツの対空火器の制圧では高い評価を得た。

もう一つの新戦闘機ノースアメリカン社のP-51マスタングの開発には数奇な運命があった。P-51の原型機は、ノースアメリカン社がイギリスの依頼を受けて開発した機体であり、イギリス空軍の呼称マスタングは、「野生馬」の意味である。

一九三九年、イギリスは兵器購入委員会を設立し、ワシントンに支所を置いた。新戦闘機製造の白羽の矢が立ったメーカーがノースアメリカン社であった。ノースアメリカン社は、歴史の浅い航空機メーカーではあったが、手堅い仕事ぶりで知られており、イギリス機のライセンス生産には格好の会社であった。

イギリス政府は、ノースアメリカン社と新戦闘機の開発を契約したが、一二〇日以内に機体を完成させること、そして液冷エンジンを搭載すること、の条件が付けられた。ノースアメリカン社は、一二〇日戦争を戦い、契約どおり期間内でP-51を完成させた。

P-51には、いくつかの特徴があった。一つ目は、量産型航空機としては世界で初めて層流翼の主翼を採用したことであり、これにより抗力の増大を抑えるとともに、翼内に脚、機関銃、弾薬、燃料を収納するスペースを確保できた。二つ目は、冷却液を冷やすラジエーターの空気抵抗を減らすため、成形して胴

リパブリックP-47サンダーボルト

1935年の陸軍航空隊の戦闘機競合試作に参加したリパブリック社では、排気タービン過給器付の空冷エンジンを搭載し、「大型の機体を強力なエンジンで強引に飛ばす」という思想で設計し、1941年6月に初飛行した。

P-47は、運動性は低かったが、頑丈な機体であったため、大きな損傷を受けても、無事に帰還できることが多く、パイロットたちから好評であった。

改良が進むにつれて燃料搭載量が増大したため、護衛任務でドイツ本土深くまで爆撃機に同行した。また、12.7mm機関銃を8挺装備し、合計で900kgの爆弾やロケット弾を搭載できたので、戦闘爆撃機として地上攻撃に活躍した。

✺ 性能データ:P-47D
全長:11.02m、全幅:12.43m、全高:4.32m、自量:4,436kg、
最大離陸重量:8,800kg、巡航速度:563km/h、最大速度:688km/h、
航続距離:760km、最大航続距離:1,657kn、実用上昇限度:12,800m、
武装:12.7mm機関銃×8、ロケット弾×10、爆弾:1,361kg、
エンジン:P&W R-2800ダブル・ワスプ、離昇出力:2,300hp、乗員:1名、
生産機数:15,660機。

ノースアメリカンP-51マスタング

1940年にノースアメリカン社がイギリス政府と戦闘機製造の契約を締結した後、120日で完成させたのがＰ-51である。世界で初めて層流翼を採用して空気抵抗を低減させた。機体は量産を重視したブロック方式を採用し、全体はセミモノコック構造であった。機体内部には膨大な量の燃料を搭載できた。初飛行は、1940年10月である。

イギリス空軍用のＰ-51は、打たれ強い堅牢な機体であり、低高度性能はよかったものの性能は平凡であった。アメリカ陸軍航空軍がアリソン・エンジンからマーリン・エンジンに交換した結果、速度性能、運動性能、兵器搭載能力、航続性能のすべてが高い水準で調和している傑作戦闘機へと変貌した。特に、その長大な航続性能を生かして、大型爆撃機のエスコート任務に活躍し、爆撃機部隊から高い信頼を得た。

Ｐ-51は、今日では史上最高のレシプロ・エンジン戦闘機といわれている。

✹ 性能データ:P-51D

全長:9.83m、全幅:11.28m、全高:3.71m、自量:3,463kg、
最大離陸重量:5,488 kg、巡航速度:580km/h、最大速度:703 km/h、
航続距離:1,520km、最大航続距離:2,755km(増槽有り)、
実用上昇限度:12,770 m、武装:12.7mm機関銃×6、ロケット弾×10、
爆弾:454kg×2エンジン:パッカードV-1650マーリン、
離昇出力:1,720hp、乗員:1名、生産機数:16,766機。

体下部に取りつけたことである。三つ目は、大量生産が可能にように機体を四つのブロックに分割したことである。これらにより、Ｐ－51は、良好な操縦性、高速度、大きな航続力、強力な武装、高い生産性を備えた高性能機となった。一九四〇年九月、Ｐ－51は初飛行に成功した。

イギリス空軍に渡ったＰ－51は、一九四二年三月一〇日に初出撃した。低空性能が優れていたため、イギリス海峡周辺での地上攻撃や写真偵察に活躍したが、四五〇〇メートル以上の高度ではエンジン性能の低下が顕著で、ドイツ空軍のメッサーシュミットBf－１０９戦闘機に及ばなかった。

Ｐ－51の機体の持つ潜在能力に気づいていた関係者は、アリソン社製のエンジンからロールスロイス社製のマーリン・エンジンへの換装したところ、最高速度はなんと時速六九五キロに達した。この瞬間にＰ－51は、真の「野生の駿馬」になったのだが、マーリン・エンジンが不足していたため、イギリスでの生産計画は頓挫してしまった。

イギリス空軍がマーリン・エンジンを搭載したＰ－51を生産中止したことを聞いたイギリス駐在武官トーマス・ヒッチコック少佐は、マーリン・エンジンを生産していたアメリカのパッカード社に生産させれば問題はないと判断し、アーノルドにＰ－51のアメリカでの生産を具申した。この時、アーノルドは、部下がアメリカ製の戦闘機でありながら、Ｐ－51の高性能を見抜くことができず、採用が遅れたことに負い目を感じていた。

アーノルドは、ヒッチコック少佐の意見を受け入れ、パッカード社にマーリン・エンジンの量産を命じ、ノースアメリカン社のＰ－51の生産ラインに組み込むことにした。アーノルドの「鶴の一声」であった。こうしてイギリスの発注により、アメリカ製の機体にアメリカで生産されたイギリス製エンジンを搭載するというまさに英米混血の「野生の駿馬」が誕生した。それまでノースアメリカン社のＰ－51を見下していたアメリカ陸軍航空軍は、正式に採用することを決定し、ニックネームはイギリス空軍と同じマスタングとした。

Ｐ－51は歴史に残る傑作機であった。その高い機動性によって敵戦闘機の排除、制空、地上攻撃に成果をあげたが、とりわけ長大な航続性能を生かした遠距離侵攻や爆撃機の援護に活躍した。Ｐ－51の就役により、陸軍航空軍は、ようやくドイツのメッサーシュミットBf－１０９や日本の零戦と対等に渡り合えるようになった。

戦後、アーノルドは、「あの優れた戦闘機（Ｐ－51）をより早く実戦に投入できなかったのは、ひとえに陸軍航空軍の責任以外のなにものでもない」と反省の弁を述べている。

こうして陸軍航空軍は、高性能の戦闘爆撃機Ｐ－47と制空戦闘機Ｐ－51を保有したのである。

第13章　太平洋航空戦、一九四二年

陸海軍の作戦担当区域

ヨーロッパでは、独ソ戦が冬を越して長期化する見通しとなったため、アメリカは太平洋戦域で「レインボー5」を実行する余裕ができた。太平洋での反攻に際し、統合参謀本部では、マーシャルとキングが作戦担当区域と指揮権を巡って争っていたが、協議の結果、東経一五九度線で区分することになった。

中部太平洋方面は海軍の担当で、司令部をハワイに置き、連合軍総司令官にチェスター・ニミッツ海軍大将が任命された。南西太平洋方面は陸軍の担当で、司令部をオーストラリアのブリスベーンに置き、連合軍総司令官にダグラス・マッカーサー陸軍大将が任命された。

一九四二年二月、アーノルドは、オーストラリアに第五航空軍を、パナマに第六航空軍を、ハワイに第七航空軍を、インドに第一〇航空軍を、アラスカに第一一航空軍を新編した。

ドゥーリットル飛行隊の東京空襲

日本軍は、第一段作戦で香港、フィリピン、イギリス領マラヤ、シンガポール、ビルマ、オランダ領インドネシアに侵攻し、アメリカ、イギリス、オランダの陸海軍を駆逐してまたたく間に占領した。なかで

ルーズベルト大統領から軍人最高の勲章である議会名誉勲章を授与されるジェームズ・ドゥーリットル。後列左から、アーノルド、ドゥーリットル婦人ジョセフィン、ドゥーリットル、マーシャル（1942年）

もフィリピンのアメリカ軍が日本軍になんら抵抗することなく敗北したことは、アメリカ国民に衝撃を与えた。

このような戦況の中、ルーズベルト大統領は、「東京に真珠湾攻撃に匹敵する報復攻撃」を加えるよう統合参謀本部に指示していた。ルーズベルトの意向を受けたキングは、フランシス・ロー大佐が発案した「空母に陸軍の双発爆撃機を搭載する」という前代未聞の案を採用し、ドナルド・ダンカン大佐に計画の作成を命じた。

最終的に航続距離の長い陸軍の双発爆撃機を空母に搭載し、日本本土に接近させて奇襲攻撃し、その後は同盟国の中国に帰投させるという「特別航空計画第一号」が完成した。報告を受けたアーノルドも同意し、この前例のない作戦の指揮官にジェームズ・ドゥーリットル中佐を指名した。

ドゥーリットルはマサチューセッツ工科大学で工学博士号を取ったインテリであったが、腕の良い飛行機乗りとしても知られていた。中尉の時に一時除隊してシェル石油の航空機部門の責任者となり、オクタン価一〇〇の高性能ガソリンの開発に携わっている。陸軍航空隊は、一九三八年にこの高性能ガソリンを発注している。

この作戦は最高秘密となり、前記の四人のみで計画がすすめられ、ルーズベルト大統領には実行直前に報告した。ルーズベルト大統領は、このような破天荒な冒険を好む傾向があったので即座に許可した。

一九四二年四月一八日、一六機のＢ‐25を搭載した空母「ホーネット」を中核とする第一六任務部隊は、日本の監視艇に発見された。第一六任務部隊司令長官ウィリアム・ハルゼー中将は、発艦予定時刻よりも七時間早い、日本本土まで約一二〇〇キロの地点で発艦を命じた。この結果、当初、夜間の奇襲攻撃を予定していたが、昼間の強襲攻撃となった。一六機のＢ‐25は、東京、川崎、横須賀、名古屋、神戸に爆弾と収束型焼夷弾を投下した。虚を突かれた日本は、何ら有効な対策をとることができず、奇襲された。

Ｂ‐25は、低高度を高速で侵入したため、照準が不良で投下した爆弾と収束型焼夷弾は、大半が市街地に着弾した。しかし、横須賀海軍基地を爆撃したＢ‐25が投下した一発が、空母へ改装中であった潜水母艦「大鯨」に命中し、大破させた。「大鯨」の大破は、この空襲での唯一の軍事的成果であった。機銃掃射の被害を含めると死傷者二三八人、半壊、半焼家屋三〇〇戸の被害があった。

この空襲は、中国軍の支援を得ており、空襲を終えたＢ‐25のうち一五機は中国大陸に不時着した。また、搭乗員八名が日本軍の捕虜となった。一機はウラジオストックに不時着して、搭乗員はソ連に抑留された。日本軍は、アメリカ軍機が太平洋から日本本土に侵入したことで大きな衝撃を受けた。

空母「ホーネット」の飛行甲板で発進準備中のドゥーリットル飛行隊のB-25爆撃機（1942年）

この空襲は一過性のもので、軍事的な成果はほとんどなかったため、アーノルドは失敗とみていたが、敗戦の報に打ちひしがれていたアメリカ国民の士気は高まった。それがルーズベルト大統領の狙いであった。

ドゥーリットル飛行隊の東京空襲成功の報告を受けたルーズベルト大統領は、記者会見で「空襲隊はシャングリラ（ジェームズ・ヒルトンの小説『失われた地平線』に出てくる理想郷）から発進した」と発表して記者達を煙に巻いた。

ソロモン航空戦

一九四二年、日本海軍は、アメリカとオーストラリア間のシーレーンの遮断を目的として「FS（フィジー・サモア）作戦」を発動し、五月にソロモン諸島フロリダ島のツラギ、七月にガダルカナル島を占領した。

一九四二年三月一四日、統合参謀本部は、太平洋方面の反攻作戦の方針を「日本軍の占領地の封鎖、潜水艦や空母による圧迫、消耗戦での日本軍の勢力の減衰」と決定した。

これに対し、連合軍は、「ウオッチタワー作戦」を発動した。ソロモン諸島は、海軍の担当であった。一九四二年八月七日早朝にガダルカナル島に海兵隊が奇襲上陸し、飛行場を奪取した。ツラギ島は、八月八日に占領した。ガダルカナル島のヘンダーソン飛行場を占領した後、海軍のグラマンF‐4Fワイルドキャット、海兵隊のチャンスボートF‐4Uコルセア、そして陸軍のP‐38とP‐40が展開し、陸海軍の航空機を統合したカクタス航空隊が編成された。

ガダルカナル島とツラギ泊地の失陥は日本軍にとって初めての占領地の喪失であり、即座に反撃を行った。ラバウルから零戦や陸上攻撃機が来襲したが、カダルカナル島は零戦の戦闘行動半径の限界の距離にあったため、アメリカ軍は有利に航空戦を進めることができた。

日本陸軍は、八月に一木支隊、九月に川口支隊、一〇月に第二師団がカダルカナル島に上陸して飛行場の奪回を図ったが、その都度アメリカ軍の反撃を受けて攻撃は頓挫し、さらに補給が続かなくなって敗退した。

カダルカナル島での六ヶ月間の激しい戦闘は、陸海空にわたる消耗戦となった。一九四三年二月に日本軍はカダルカナル島から撤退したが、カダルカナル島をめぐる戦闘で、日米両軍は共に多くの艦艇、船舶、航空機、兵員を喪失した。

東部ニューギニア航空戦

アーノルドは、第五航空軍司令官にジョージ・ケニー少将を起用した。ケニーは、隷下の第五戦闘軍司令官にエニス・ホワイトヘッド准将、第五爆撃軍司令官にケネス・ウォーカー准将を任命し、イギリスとオーストラリアの空軍も合わせて指揮することになった。ケニーは、マッカーサーの航空作戦指導を見て、すぐにマッカーサーが航空戦を理解していないと感じたが、複雑な性格のマッカーサーと良好な人間関係を築く必要があると考え、発言と行動は慎重であった。

一九四二年四月五日、少数のB-26がブリスベーンを離陸して、初めてラバウルを爆撃した。四月一一日にはB-25一〇機がフィリピンの日本軍艦艇を攻撃した。その後、B-17も爆撃を行ったが、機数が少なかったため点滴爆撃といわれた。

一九四二年五月に行われた珊瑚海海戦の結果、海路からポートモレスビー攻略を断念した日本軍は、陸路での攻略を決定した。七月、日本軍は東部ニューギニアのブナに上陸し、オーエンスタンレー山脈を縦断して、ポートモレスビーに向けて進撃を開始した。

八月の時点で第五航空軍に残っていた一五〇機の戦闘機、爆撃機、輸送機のほとんどが整備中であり、連合軍機を加えても二二〇機しかなかった。ケニーは、整備が終わった航空機を東部ニューギニアのポートモレスビーに進出させた。

南太平洋戦域の戦略的要衝（チョークポイント）は、東部ニューギニアとニューブリテン島の間にあるビスマルク海峡（日本名ダンピール海峡）であった。態勢を整えた第五航空軍は、ビスマルク海峡上空の制空権を獲得するため、日本軍のラバウル航空隊と航空撃滅戦を開始した。

東部ニューギニアには、標高四〇〇〇メートル級の山々が連なる人跡未踏のオーエンスタンレー山脈が東西に横たわっており、山頂付近では激しい嵐や上下風が起きやすく、濃霧も頻繁に発生するため大きな障害になっていた。

八月七日、一八機のB-17がラバウルを奇襲し、駐機していた日本軍機を多数撃破した。またケニーは、瞬間反応するヒューズを取り付けた爆弾をパラシュートで投下する低高度爆撃戦術を編み出し、A-20で爆撃を行って成果をあげた。東部ニューギニアをポートモレスビーに向けて陸路を進撃していた日本軍は、補給が続かず後退していった。

第五航空軍は、東部ニューギニアで本格的に零戦と交戦した。ラバウル航空隊の零戦は、前評判どおりの手ごわい相手であった。鈍重なP-40は零戦の相手ではなかった。P-38は、一撃離脱戦法であれば零戦に優位に立ったが、格闘戦（ドッグファイト）に持ち込まれれば勝ち目はなかった。ビスマルク海峡の制空権をめぐる航空撃滅戦は一進一退を繰り返し、第五航空軍の損害は増大し、崩壊寸前となった。

同じ時期に生起したソロモン諸島と東部ニューギニアの航空戦は消耗戦となった。航空機の性能とパイロットの技量が均衡していれば、数で優位に立つしか消耗戦に勝つ術はない。アーノルドは、航空機とパイロットを東部ニューギニアに送り続けた。一九四三年に入り、第五航空軍のB‐17は航続性能の良いB‐24に入れ替わった。

義勇航空隊の解散

中国で活動していた義勇航空隊は、七ヶ月にわたり、ビルマ、インドシナ、タイ、中国で圧倒的な日本軍航空隊に対して善戦した。戦果は、日本軍機の撃墜二八六機、未確認一五〇機以上であり、被害は、空中戦の損失一二機、地上の損失六一機、パイロットの戦死九名、行方不明四名、航空機事故での死者一三名であった。義勇航空隊の主な戦功としては、ラングーン防衛戦で健闘して連合軍の撤退を成功させたこと、そして、ビルマを進撃する日本軍をサルウィーン河で阻止したことがあげられる。

一九四二年七月七日、義勇航空隊は正式に解散して、中国航空任務航空隊（ＣＡＴＦ）に改編され、第一〇航空軍に統合された。シェンノートは、義勇航空隊での功績が認められて准将に昇任し、アメリカ陸軍に復帰するとともに、ＣＡＴＦ司令官に就任した。

シェンノートは、P‐40三〇機とB‐25一二機を率いて、機動と奇襲によって日本軍の意表をつく空中ゲリラ戦を続け、ビルマのミートキーナ、ラシオ、仏領インドシナのハイフォン、揚子江南岸の日本軍基地を襲撃した。

シェンノートは、エア・パワーによる攻勢を継続するため、さらなる航空機の増強を訴えて、エア・パワーに理解の乏しいジョセフ・スティルウェル中将と激しく衝突した。上司の第一〇航空軍司令官クレイトン・ビセル准将ともそりが合わず、意見が対立し、作戦遂行に支障を来すようになった。アーノルドは、昆明に飛んで視察した結果、優れた戦術家であるが組織人としての適性を欠くシェンノートは、別の部隊の指揮官にさせることにした。一九四三年年三月三日、シェンノートは少将に昇任した。

一九四三年三月、アーノルドは中国戦域を担当する第一四航空軍を新設し、司令官にシェンノート少将を起用し、P-38、P-51、B-24、B-25を合計一四〇機配備した。一〇月には、米中混成航空団（CACW）を新編している。

第一四航空軍を率いるシェンノートは、ワシントン会議で、日本のシーレーンの要衝である台湾を爆撃する意義を主張して、米英首脳の了解を得ていた。一一月二五日、B-25一四機と戦闘機一五機が、中国の遂川基地から出撃し、台湾の新竹飛行場を爆撃して日本機一五機を撃破した。連合軍の四年ぶり航空攻勢であった。B-25のうち六機は中国人パイロットが操縦していた。続いて、インドシナ半島、トンキン湾、台湾、中国南部の港湾施設、鉄道、航空基地を攻撃した。また、東シナ海を航行する日本船舶を攻撃して、毎月平均五万トンの船舶を撃沈するという戦果をあげた。

果敢に日本軍を攻撃し続けるシェンノートは、マスコミの格好の話題となり、『タイム』紙が取り上げて特集記事を組むほどであった。

第14章　ヨーロッパ航空戦、一九四二年

第八航空軍の新設

一九四二年一月、アーノルドは、米英軍事会議の決定に基づき、イギリスを拠点として対独戦略爆撃を任務とする第八航空軍を新設し、司令官にはアーノルドが最も信頼しているカール・スパーツ少将、隷下の第八爆撃軍司令官にはアイラ・エイカー准将を起用した。スパーツとエイカーは、いずれもアーノルドとともに「ミッチェル・スクール」のメンバーであり、ミッチェルと同様にイギリス空軍元帥ヒュー・トレンチャード元帥を尊敬していたためイギリス空軍の指導者達と良好な人間関係を築くことができた。しかしスパーツは、航空軍をゼロから編成し外国に展開するという「シックル作戦」をこなさなければならなかった。

イギリス側は、ロンドンに到着したエイカー一行を暖かく迎えた。一九四〇年六月にフランスが降伏して以降、孤立無援で戦い続けてきたイギリスにとって、「デモクラシーの兵器廠」であるアメリカの参戦は願ってもないことであった。

しかし、イギリス側には思惑があった。それは当時、イギリス空軍爆撃軍団がドイツ本土で戦略爆撃を行う際の基本戦術としていた夜間無差別爆撃戦術を第八航空軍に採用させようとしていた。そうすれば、

陸軍航空軍司令部の参謀と協議するアーノルド（右から四人目）とカーツ・スパーツ（右から三人目）（1942年）

出撃機数が増加し、戦果の拡大が期待できるからである。

イギリス空軍参謀総長チャールズ・ポータル大将やアーチボルト・シンクレア航空大臣は、エイカーに何度となく夜間爆撃を説明したが、エイカーはその都度、アメリカ側の考えを丁寧に説明するとともに、やんわりと断っていた。

イギリスが夜間無差別爆撃にこだわったのには理由があった。第二次世界大戦が勃発し、イギリス空軍のビッカース・ウエリントン爆撃機やアームストロング・ホイットワースホイットレー爆撃機が昼間爆撃に出撃すると、その度に強力なドイツ軍戦闘機によって大量虐殺されることが茶飯事になっていた。そこでイギリス空軍は、やむを得ず、昼間爆撃を諦めて、爆撃目標を把握しにくいが、敵に襲われにくい夜間爆撃を選ぶことになった。

イギリス空軍は、大型爆撃機を、大量の爆弾を遠くまで運ぶ「長距離爆弾大量運搬機」と見なしていた。爆撃機の防御火器は敵の戦闘機を追い払うことができれば、撃墜できなくてもよいと判断していた。そのため、機体強度や防御火器は次等視され、小口径の七・七ミリ機関銃を備えているだけであり、一機当たりの装備数も不充分だった。機関銃の威力不足、装備数不足に何ら疑問を感じていなかった。高性能の爆撃照準器は不要であり、夜間爆撃なので、援護する戦闘機も不要であった。

イギリス空軍には、エイカーがやってくる前年に、レンド・リース法により、アメリカから二〇機のB－17Cを供与してもらい、実戦に投入したが、爆弾搭載量の少なさに辟易した経験があった。

一九四二年二月、昼間精密爆撃を主張していたイギリス空軍爆撃軍司令官のブリチャード・ピアース大将が更迭され、後任に夜間都市爆撃論者で、その冷徹無比の統率から、後に「ボマー（爆撃屋）」や「ブッチャー（破壊者）」の渾名を与えられるアーサー・ハリス大将が就任した。

同じ任務を与えられたエイカーとハリスは、共に「空軍力で戦争の勝敗を決する」という信念を持っていたが、戦術は異なっていた。ハリスは、イギリス空軍参謀本部から「ドイツの非戦闘員、特に産業労働者の士気の阻喪に焦点を当てよ」という指令を受けていた。

ハリスには、任務に忠実で実直な人柄を示す逸話がある。爆撃軍団司令官に就任したばかりの一九四二年二月、愛車のベントレーを駆って司令部に急いでいる途中、スピード違反で交通警官に止められた。ベントレーには軍用車両としてスピード無制限の許可が下りていた。交通警官は許可証に気付くと、違反切符を切る代わりに、「閣下、どうかお気をつけてください。あのスピードでは人を殺しかねません」と忠告した。するとハリスは、真面目な顔で丁寧に「いや、私は人を殺すために急いでいるのです」と答えたという。

イギリス空軍の大型爆撃機アブロ・ランカスター、ハンドレページ・ハリファックス、ショート・スターリングは、「とにかく大量の爆弾を遠くへ運ぶ」ことを目的として開発された爆撃機であり、航続力があり、爆弾搭載量が多かったことから、ハリスは最も効率的な爆撃戦術は「夜間無差別都市爆撃」と主張した。

ハリスが情熱を燃やした爆撃戦術は、夜間、大量の爆撃機でドイツの都市を爆撃し、一夜にして都市を壊滅させて産業基盤を破壊するとともに、ドイツ国民の戦争継続の意欲を挫く対価値戦略であった。

一方、エイカーは、アメリカの爆撃機は、防御能力が高く、ノルデン爆撃照準機を装備していることから、昼間高々度精密爆撃でドイツの軍事施設を精密爆撃する対兵力戦略を主張したため、両者は折り合うことがなかった。

エイカーには、昼間精密爆撃にこだわる特別な事情があった。

一つめの理由は、B-17は、原則的に昼間飛行仕様になっているため、夜間飛行するには、計器類や装備を増設しなければならなかった。天候に恵まれたカリフォルニアやテキサスで昼間に飛行訓練を受けた搭乗員達に、天候不順のヨーロッパの空を夜問飛行させるためには、長期間の訓練が必要であり、第八爆撃軍の実戦参加が大幅に遅れることになる。

二つめの理由は、第八航空軍が夜間無差別爆撃の先駆者イギリス爆撃機軍団と共同で夜間爆撃した場合、戦果を挙げたとしても、マスコミはイギリス空軍を中心に書き立てて、イギリス空軍の後塵を拝した第八航空軍のことはわずかしか触れない可能性があった。

三つめの理由は、イギリス本土航空戦でドイツ空軍の爆撃を受けたイギリス国民は、ドイツに対する夜間無差別爆撃を非難する者はほとんどいなかった。一方、移民の国アメリカにはドイツ系市民も多く、第八航空軍にも多数のドイツ系兵士がいた。アーノルド自身もドイツ系の家庭で育っている。アーノルドは、彼らや彼らの家族の感情を考慮して「アメリカ軍は、ナチスと戦っているのであって、ドイツ市民を無差別に殺傷するようなことはせず、軍事施設だけを爆撃する」という姿勢を示さねばならなかった。

実際、こういった配慮はそれなりに効果があったようで、誤爆した場合でも、軍籍にある者も含めて、ドイツ系市民が対独爆撃に異を唱えたケースは、公には一度もなかった。対日爆撃にはそのような人種的配慮はいっさいなかったことは、日本にとって悲劇であった。むしろ、黄禍論の影響もあって、アメリカ人の日本人に対する人種的偏見は一層深刻であった。

イギリス側は、第八爆撃軍を夜間爆撃に引き込むという考えを諦めておらず、B-17に代えて、アブロ・ランカスター爆撃機をアメリカも生産してはどうかとワシントンに提案するに至り、アーノルドやスパーツはもとより、エイカーもまた、日常業務に加えて昼間精密爆撃擁護のための弁舌を振るわねばならなかった。

実はエイカーにとって、ハリスよりも同じアメリカ陸軍のヨーロッパ戦域司令官ジェームズ・チェイニー中将の方が頭の痛い相手であった。チェイニーは、エイカーの戦略爆撃の構想などほとんど理解しておらず、自らの職権を拡大するべく、第八爆撃軍司令部を自分に取り込んで指揮しようとしていた。

一九四二年四月一四日にロンドンで開催された軍事会議で、米英両国は、一九四二年に東部戦線を牽制するための「スレッジハンマー作戦」、一九四三年に北フランスに侵攻する「ラウンドアップ作戦」、両作戦のためにイギリスへ兵力を集中する「ボレロ作戦」に合意した。

一九四二年八月、アーノルドは、新たに「AWPD-2（戦争計画部二号計画）」を策定した。「AWPD-2」では、対兵力戦略に基づき、爆撃目標はドイツ空軍と軍需産業とし、優先順位は、ドイツ空軍、Uボート基地、輸送網、電力施設、石油施設、ゴム製造工場と決まった。

Uボート基地の攻撃は、アメリカからイギリスとソ連へ軍需物資を輸送するシーレーンを守るためにUボートを封殺する必要があったためである。

第八航空軍の初陣

エイカーは、イギリスが提供した八ヵ所の航空基地に加えて、一〇〇ヵ所以上の候補地を調査し、五〇ヵ所を選定した。他にも、病院、補給基地、整備工場の建設に加え、アメリカ本土から送られてくる軍需物資の流通システムを整備した。

第八航空軍は、一九四二年六月までにイギリス全土に一五の航空基地を建設した。そして、七月から第九二爆撃飛行群、第三〇一爆撃飛行群、第九七爆撃飛行群が相次いでイギリスに到着した。

その中の第九七爆撃飛行群は、士気が緩んでおり、訓練も不足していた。ヨーロッパ戦域連合国最高司令官ドワイト・アイゼンハワー大将がスパーツを伴って部隊を視察した際、その不始末ぶりにエイカーは大恥をかいた。エイカーは、腹心のフランク・アームストロング大佐を新群司令に任命して部隊を鍛えなおすよう命じた。

アメリカ陸軍航空軍による初出撃は、第一五爆撃飛行隊が行った。一九四二年七月四日、イギリス空軍の戦術を学ぶため、船で大西洋を渡ってきた第一五爆撃飛行隊の選抜チームが、本来の装備機種と同じダグラスA-20双発攻撃機六機をイギリス空軍第二二六飛行隊から借り受けて、同中隊とともにオランダのドイツ軍航空基地への爆撃を敢行した。残念なことに、アメリカ人搭乗員が操る二機が未帰還となったが、アメリカ陸軍航空軍によるヨーロッパ上空初出撃の意義は大きかった。

一九四二年八月までに、B-17一一九機、P-38一六四機、C-47一〇三機がイギリスに到着した。アームストロング大佐の指導で態勢を整えた第九七爆撃飛行群の初出撃は、八月一七日であり、一二機のB-17がフランスのルーアン鉄道操車場を爆撃した。第八航空軍による記念すべき初出撃であった。エイカー自身もB-17「ヤンキー・ドゥードル号」に乗って飛び立った。

この日は、少数のフォッケウルフFw190戦闘機に迎撃されたが、喪失機や死傷者はなかった。ついで、八月一九日には、二四機のB‐17がアベヴィルのドイツ空軍基地を爆撃した。翌八月二〇日には、一二機のB‐17がアミアン鉄道操車場を爆撃した。八月二五日まで、B‐17は五回出撃したが、その間、喪失は皆無であった。

B‐17の昼間爆撃では、目標の中心点から一六〇メートル以内に九〇パーセントが命中した。一方、イギリス空軍の夜間爆撃では、同様の条件で一〇パーセントしか命中しなかった。報告を受けたエイカーは、昼間精密爆撃の有効性が証明されたことで有頂天になった。

続いてイギリスに到着した第九三爆撃飛行群は、B‐24を装備していた。また、B‐17も最新型のB‐17Fが続々と到着した。

九月六日、第八爆撃軍は、初めてB‐17を喪失した。フランスのモルトにある航空壊製造工場を爆撃した際、復路でドイツ戦闘機に迎撃され、二機が撃墜された。一〇月には、B‐24とB‐17合計一〇八機でフイブリールの製鉄工場を爆撃している。

爆撃機の機関銃手たちは、一回の出撃ごとに数一〇機単位でドイツ軍戦闘機を撃墜したと報告していた。中には、複数の機関銃手が同じ敵機を撃ったり、離脱していく敵機を撃墜と誤認したケースもあった。実際、世界大戦の全期間を通じて、このような過大な戦果が報告されたが、混乱した戦場での誤認は不可避であり、機関銃手たちも嘘をついた訳ではなかった。

エイカーは、機関銃手の戦果報告が上官に信じてもらえないことが士気の低下につながらないように、ディブリーフィングでは絶対に彼らの報告を否定しないよう指導していた。こうして、良好な戦果に比べて少ない損害のせいで、第八航空軍の将兵たちは自惚れてしまい、自分たちが乗るB‐17を「P‐17（Pは戦闘機を示す略号）」と呼び替えるほどであった。

一〇月に入ると北大西洋で暴れまわっているUボートの活動を封じるため、Uボート基地の攻撃が命ぜられた。一〇月二一日に六六機のB-17と二四機のB-24でローレンツのUボート基地を爆撃したのを皮切りに、Uボート基地への爆撃を続けた。

陸軍航空軍としては、それまでの分析の結果、爆撃機部隊が継続的に出撃できるための損害は、出撃数の五パーセント以内と考えていた。一九四二年中の第八航空軍の出撃機数延べ一五四七機のうち喪失機は四二機であり、損失率は二・七パーセントにすぎなかった。同時期のイギリス空軍は四パーセントであった。

イギリス空軍がドイツ本土に侵入しているのに対し、第八航空軍はまだ北西ヨーロッパのドイツ占領地域にしか出撃していなかったとはいえ、損害が少ないはずの夜間爆撃の損失率が倍近くも多いという事実は、将兵だけでなく、参謀達も自惚れる原因となった。

第九七爆撃飛行群の初出撃以降、搭乗員の個人装備についても逐次改良や改善が加えられた。ときにマイナス四〇度を下回る高空での低温対策として、通常のA13／B13防寒飛行服の下に着用する電熱線入り飛行服などはその一例であった。B-17の発電量では三着分の電源を確保するのが精一杯で、接触不良や断線による故障も多かったので改良された。

より重要なのは、ドイツ軍の高射砲弾の破片から搭乗員の体を守るボディ・アーマーである。一九四二年秋、第八航空軍首席航空医官マルコム・グロー准将の発案により、イギリスのウィルキンソン刀剣社でボディ・アーマーが製作された。試験の結果、きわめて好成績が得られたためアメリカで量産されることになった。

ボディ・アーマーは、鉄帽と併用することで搭乗員の負傷率が三分の二も減少し、戦死率の低下にも大きく貢献した。これらの工夫や改善は、一九四三年初頭にかけてなされた。

第15章　地中海航空戦

北アフリカ航空戦

一九四〇年九月、イタリア軍がリビアからエジプトへ侵攻して北アフリカの戦闘が始まったが、イギリス軍は「コンパス作戦」を開始し、イタリア軍を包囲して撃破した。続くバルディアの戦闘とベダ・フォムの戦闘でもイタリア軍を撃破してキレナイカ地方を占領した。一九四一年二月、北アフリカでイギリス軍に大敗しリビアに押し戻されたイタリアの要請を受けたドイツは、フランス戦線での機甲師団の指揮で名をはせたアーウィン・ロンメル大将が指揮するアフリカ軍団を派遣した。

一九四二年八月、アーノルドは、北アフリカの作戦のために第一二航空軍を新編し、東京空襲を成功させたジェームズ・ドゥーリットル准将を司令官に起用した。第一二航空軍は、機数が少なく実戦経験もなく、訓練も不足していたため、第八航空軍から爆撃機、戦闘機、輸送機を抽出した。

第二次エル・アラメイン戦直後の一九四二年一一月、連合軍は北アフリカで反攻作戦「トーチ作戦」を開始し、モロッコのカサブランカ、フランス領アルジェリアのオランとアルジェに上陸し、第一二航空軍は空から上陸作戦を支援した。

一九四三年二月、ロイド・フリーデンダール少将が指揮するアメリカ第二軍団とイギリス第一軍は、北アフリカのカセリーヌ峠で、ドイツ軍と初めて交戦したが、実戦経験の無いアメリカ軍は、総崩れとなって退却した。カセリーヌ峠での敗戦の報を聞いたルーズベルト大統領は、「わがアメリカンボーイズは、本当に戦えるのか？」と嘆いたという。マーシャルは、おおいに面目を失った。

北アフリカの航空戦は、砂漠地帯の厳しい環境で行われた。日中は酷暑、夜間は零度近くにまで気温が下がった。細かな砂でエンジン、冷却器、通信機器が頻繁に作動不良に陥った。食糧や燃料は常に不足していた。そのような中、ロンメルは迂回戦術や片翼包囲戦術を駆使して連合軍を翻弄した。

連合軍は、広大な北アフリカの三カ所で作戦を実施したため、大型爆撃機はドゥリットルが指揮したものの、航空阻止と近接航空支援を行う中型爆撃機と戦闘機は三名の陸軍司令官が指揮した。「トーチ作戦」では、砂漠の地形を利用した機動戦が行われたため、戦線が短期間で移動するという特異な戦場であった。そのため、航空部隊は地上部隊の進撃にともなって航空基地を次々に移動させなければならず、補給が大きな問題であった。

戦力を回復した連合軍は三月に攻勢を開始し、イギリス第八軍はマレト・ラインを迂回してドイツ軍の背後へ進攻した。アメリカ第二軍団がイギリス軍に応戦しているドイツ軍を挟撃したため、ドイツ軍は後退していった。

四月に入って、連合軍はドイツ軍を追撃したが、ドイツ軍の巧みな防御戦術と険しい砂漠の地形でなかなか進撃できなかった。そこで第一二航空軍はシチリアとチュニジア間の枢軸軍の補給線を攻撃し、大きな損害を与えた。

五月に入り、戦闘の継続が困難になったドイツ軍は、北アフリカから撤退を開始した。これを知ったアメリカ第二軍団は、チュニジアの補給港ビゼルトを占拠したため、北アフリカの枢軸国軍は進退窮まって降伏した。北アフリカでのドイツ軍の敗北によって、連合軍は地中海の制空権を確保し、イタリアやルーマニアが第一二航空軍の作戦圏内に入った。

アーノルドは、北アフリカ航空戦で、地上部隊の指揮官が航空部隊を指揮して失敗した苦い経験から、すべての航空部隊は一人の航空兵科将校が指揮しなければならないことを痛感していた。

一九四三年に陸軍省が策定した教範「野外令一〇〇-二〇」では、「ランド・パワーとエア・パワーは、同格かつ独立した軍隊である」と明記し、続いて「航空戦力の最大の資産である固有の柔軟性は、戦域指揮官に直接的な責任を有する一人の航空兵科将校が指揮してはじめて有効に発揮できる」として、航空部隊の「一元的統制と多元的実行」の運用原則を述べている。

エジプト航空戦

一九四二年六月、アーノルドは、中東のイギリス軍を支援するとともに、エジプトとパレスチナを防衛するためカイロに中東航空軍を新編し、インドにいたルイス・ブレレトン少将を司令官代理として派遣した。ブレレトンは、インドからB-17を引き連れてカイロに進出し、現地のB-24を合わせて指揮した。カイロにはイギリス空軍も展開していた。

一九四二年八月、エジプトとリビアの防衛を担当するアメリカ統合司令部が創設され、一一月にフランク・アンドリュース少将が司令官に着任した。

アーノルドは、エジプトとリビアの砂漠戦とヨーロッパ方面での戦術航空作戦を強化するため、中東航空軍を第九航空軍に改編した。第九航空軍は、第九爆撃軍（パトリック・ティンバーレイク准将）、第九戦闘軍（ジョン・キルボーン大佐）、第九支援軍（エルマー・アドラー准将）で構成されていた。

第九航空軍には一九四二年末までに、P-40、B-24、B-25、C-47、イギリス空軍機計三七〇機が配備され、リビア、チュニジア、シチリア島、クレタ島、イタリア本土を爆撃し、ギリシャの船舶と港湾施設を反復攻撃して枢軸国のアフリカへの補給線を寸断した。

一九四三年夏、第九航空軍はイギリス空軍中東司令部に配属されて「ハスキー作戦」に参加してシチリア島の飛行場と鉄道施設を爆撃した。

イタリア本土爆撃

カサブランカ会議を受けて、連合軍はイタリア攻略作戦を開始した。一九四三年四月四日、エジプトの第九航空軍とリビアの第一二航空軍は、イギリス空軍と共同してナポリ等の都市と軍需工場を爆撃した。七月一〇日、連合国軍のシチリア上陸作戦では、合計三八〇機の輸送機で六五〇〇名の空挺隊員を輸送している。七月一九日、B-17九七機、B-24七七機、B-26一七九機、P-38六四機でローマとナポリを爆撃した。続く九月のタラント上陸作戦とサレルノ上陸作戦では、航空阻止と近接航空支援を実施した。

一九四三年九月八日、ムッソリーニは首相を解任され、バドリオ政権が連合国と休戦協定を締結し、イタリアは降伏した。イタリアの動きを察知していたドイツ軍は、イタリア半島を速やかに制圧した。イタリア本土では、南部から侵攻する連合軍と、北部のドイツ軍、そしてドイツの傀儡政権のイタリア社会共和国でイタリア戦線が構築された。

イタリアには、依然として強力なドイツ軍が展開しており、アメリカ軍の進撃は、サレルノ北方の険しい山岳地帯で阻止された。南部のレジオ・ディ・カラブリアに上陸したイギリス軍の進撃も遅れがちであった。ドイツ軍は、遅滞作戦を続けながら、防衛戦「グスタフ・ライン」で連合軍を待ち受けた。

一九四四年一月、「グスタフ・ライン」に到達したアメリカ軍は四度攻撃したが、モンテ・カッシーノ修道院と山岳地帯に布陣したドイツ軍の激しい抵抗を受けて退却し、戦線は膠着した。モンテ・カッシーノ修道院はベネディクト会の修道院で、中世からヨーロッパの学芸の中心であり、人類の遺産ともいうべき建物であった。一九四四年二月一五日、B-17一四二機、B-25四七機、B-26四〇機がモンテ・カッシーノ修道院に一一五〇トンの爆弾と焼夷弾を投下して完全に破壊した。五月に「グスタフ・ライン」を突破した連合軍は、六月にローマに入城した。

プロエシュティ油田爆撃

ドイツの戦争経済にとって最大のネックは、自国で石油を生産できないことであった。ドイツの石油資源が乏しいことを危惧していたヒトラーは、かねてからヨーロッパ最大のプロエシュティ油田があるルーマニアに注目していた。ヒトラーは、ルーマニア軍の親独派イオン・アントネスク元帥を支援してクーデターを起こさせ、一九四〇年九月にルーマニアにアントネスク元帥を首班とする親枢軸国政権を樹立させた。

政権の座についたアントネスク元帥は、ドイツへの石油の供給を約束し、油田を防衛するためドイツ軍の進駐を認めた。こうして、年間約四三〇〇万バレルを生産するプロエシュティ油田は、ドイツの石油需要の三分の一、イタリアの石油需要のほぼ全部をまかなうことになった。連合軍もルーマニアの首都ブカレストの北六〇キロにあるプロエシュティ油田が、枢軸国にとって死活的に重要な目標であることを理解していた。

一九四二年五月、アーノルドは、中国に進出して日本を爆撃する予定であったハリー・ハルバーソン大佐が指揮する二三機のB-24に注目した。ハルバーソン飛行隊が、極東への中継地スーダンのハルツームへ進出したところ、肝心の中国の飛行場が日本軍によって占領されてしまい、待機していたのである。アーノルドは、ハルバーソン飛行隊にプロエシュティ油田の爆撃を命じた。

ハルバーソン飛行隊の隊員たちはプロエシュティの名前すら聞いたことがなかったが、経験豊富で技量優秀な志願兵で編成されていた隊員とって、プロエシュティ油田の爆撃は、決して難しい任務ではなかった。

一九四二年六月一一日夜、一三機のB-24がプロエシュティ油田を攻撃し、一機の損害も出さずに帰還したものの製油所の施設に殆ど損害を与えなかった。

この爆撃は、ドイツに対する警鐘となった。第一次世界大戦のエースで在ルーマニア・ドイツ大使館付き上級空軍武官からルーマニア駐留ドイツ軍司令官へと転出したアルフレート・ゲルステンベルク中将は、この空襲を機にレーダー早期警戒網、高射砲、高射機関砲を配備するとともに、戦闘機二五〇機と七万五〇〇〇名の兵士でプロエシュティ上空の防備を固めた。

プロエシュティ油田の初空襲から約半年後の一九四三年一月、モロッコのカサブランカでルーズベルト大統領とチャーチル首相が会談し、席上、枢軸国の石油供給源を破壊することが決定された。

アーノルドは、カサブランカ会談での決定を受けて、作戦部のヤコブ・スマート大佐を呼んで、プロエシュティ油田爆撃計画の作成を命じた。アーノルドの命を受けたスマート大佐は、フロリダ州のエグリン基地へ飛んだ。エグリン基地の広大な敷地内にはジャングル、湿地、草原などがあり、新戦術のテストが行われていた。

スマート大佐は、三機編隊のA-20双発攻撃機を超低空で飛ばしてシミュレーションした結果、高々度に比べて低高度の爆撃には、次の利点と欠点があることがわかった。

一つめ目の利点は、高度が低ければ低いほど敵のレーダーに探知されにくいことであり、欠点は、超低空を編隊飛行するにはそれなりの訓練が必要なことである。

二つめ目の利点は、高射砲は低空を飛ぶ航空機を追尾することも捕捉することもできず、しかも、低空で作動する信管もないので脅威とはならないことである。欠点は、小銃や二〇ミリから四〇ミリの各種高射機関砲にとって、超低空を飛ぶ大型機は標的として大きいうえ、速度が遅いため、恰好の餌食になることである。唯一の救いは、超低空飛行なら短時間で敵の射界を抜けられること、そして爆撃機の機関銃で応戦できることである。

三つ目の利点は、爆撃機は目標を間近に目視しながら投弾できるので、爆弾の命中精度が向上することである。欠点は、複数機が連続投弾する場合は、先行機が投下した爆弾の炸裂に巻き込まれないように、信管の作動時間を綿密に調整しなければならないことである。

四つ目の利点は、飛行高度が低いので、上空から攻撃してくる敵戦闘機の攻撃をかわせることである。欠点は、襲われる大型機も降下を伴う機動ができなくなることであった。

これらを検討したスマート大佐は、航続距離と一機当たりの爆弾搭載量を考慮して、良好な航続性能を有するB-24による超低空爆撃が最適という結論に達した。アーノルドは、スマート大佐の計画案を承認した。

スマート大佐は、エグリン基地でB-24の実機を用いて超低空飛行が可能かどうかも検証したが、大気密度が高い超低高度でのB-24の運動性は予想以上に優れており、また、プラット&ホイットニーR１８３０ツインワスプエンジンも低空域で快調に作動することが確認された。

その後、スマート大佐はイギリスに向かい、戦前にプロエシュティ油田で働いた人間を集めて、油井や精油所の精密な図面を描かせ、その図面から立体模型を作らせた。また、個人や石油会社が保有していた写真やムービーフィルムを押収した。

こうして、スマート大佐はプロエシュティ油田爆撃計画を完成してアーノルドに報告した。この計画を見た陸軍航空軍の参謀のなかには、「相応の犠牲を覚悟しなければならないが、その犠牲に見合った戦果が見込めるのか」と疑問視する者もいた。万事積極的であったアーノルドは、危険であっても、成功の可能性があれば採用することにした。アーノルドは、「まさか敵も四発のB-24が超低空で爆撃しにくるとは思うまい」と部下の反対意見を突っぱねている。

一九四三年五月に開催された第三回米英ワシントン会議でアーノルドがこの作戦構想を示すと、チャーチル首相は大いに喜び、イギリス空軍から技量優秀なパスファインダー（先導機）の参加を提案した。

六月三〇日、最終的に「タイダルウェーブ（津波）」という作戦名が選ばれ、参加部隊が選抜された。まず、北アフリカの第九航空軍隷下の第九爆撃軍から、第九八爆撃飛行群、第三七六爆撃飛行、イギリスの第八航空軍隷下の第八爆撃軍から、第四四爆撃飛行群、第九三爆撃飛行群、第三八九爆撃飛行群の参加が決まり、六月下旬に相次いでリビアのベンガジに集結した。

爆撃目標はそれぞれの飛行群ごとに割り振られ、飛行経路は往復ともに同じ経路とし、ほとんどを低空から超低空を飛行する。飛行序列もまた、各爆撃飛行群が縦に連なる単純なものであった。

着々と作戦準備が進むなか、陸軍航空軍司令部から第九航空軍司令官ルイス・ブレトン少将とスマート大佐が作戦に参加することを禁止する命令が届いた。アーノルドとしては、航空軍司令官と優秀な将校を、危険な戦闘で失うわけにはいかないと判断したのであった。アーノルドのこの判断は理に適っていたが、この作戦に入れあげていたブレレトン少将とスマート大佐は、ともに地団太を踏んで悔しがったと伝えられている。

ブレレトン少将に代わって爆撃部隊の指揮をとったのは、第九航空軍参謀長で第九爆撃軍司令官を兼務していたウザル・エント准将であった。冷静なエント准将は、最大八〇機のB‐24を失うのではないかという悲観的な予想を立てていた。

一九四三年八月一日〇四〇〇、第三七六爆撃飛行群二八機、第九三爆撃航空群三七機、第九八爆撃飛行群四八機、第四四爆撃飛行群三七機、第三八九爆撃飛行群二九機、合計一七九機のB‐24が離陸した。援護戦闘機は一機もいなかった。

指揮官のエント准将は、巨大な「空の大河」の先頭を進む先導機に搭乗した。当初、飛行は順調であったが、どうしたことか、水先案内役であるべきエント准将機が、変針点で針路を誤った。プロエシュティに向かうべきところを、直接ブカレストに向かったのである。次に続く第九三爆撃航空群は、先頭集団の間違いに気が付いて左に旋回した。

プロエシュティを防衛する高射砲陣地は、ブカレストの南方地帯に設けられていたため、誤ってブカレストに侵入した二つの爆撃飛行群は、ドイツ軍の猛烈な対空砲火網のなかに飛び込むはめになった。こうして、B‐24は次々に被弾し墜落していった。

独自の方向転換で北上した一つの爆撃飛行群と、予定通りの針路を突進してプロエシュティの北西から南下した二つの爆撃飛行群は、ほぼ同時にプロエシュティに到達した。そして、ようやく航法ミスを犯していることに気づいた先行した二つの爆撃飛行群もプロエスティに到達した。この混乱の中でも味方同士の空中衝突は、一件も起きなかった。

苛烈な対空砲火の中、投弾を終えた各爆撃飛行群は、南西方向へ離脱したが、その先にいたドイツ空軍の第四戦闘航空団所属のメッサーシュミットBf１１０戦闘機とメッサーシュミットBf１１０戦闘機、そしてルーマニア空軍のＩＡＲ-80戦闘機が襲いかかり、バタバタと墜落していった。

この作戦に参加したB-24のうち一四機が任務を中止して帰還し、四三機が墜落し、八機がトルコ領に不時着し、補助飛行場などに一五機が不時着し、出撃した基地に帰還したのは九九機にすぎなかった。そのなかで次の任務に出撃可能な無傷の機体は、はわずかに三三機だけであった。

作戦に参加した一七七〇名のうち三一〇名が戦死し、一三〇名が捕虜となった。投下した爆弾は約三一〇トンで、プロエシュティ油田の生産能力の約四五パーセントを破壊することに成功している。損害は大きかったが、それなりの戦果もあった作戦であった。しかし、一二月には製油機能は、正常に回復している。

陸軍航空軍は、この日を「ブラック・サンデー」と呼んだ。アーノルドは、製油所の破壊を重視しており、一九四四年四月から一年間で第八航空軍は七万トン、第一五航空軍は六万トンの爆弾を製油所に投下した。

第16章　第一五航空軍の航空戦

第一五航空軍の新編

ドイツ本土爆撃は、イギリスに展開した第八航空軍が行っていたが、アーノルドは、第八航空軍が攻撃できないバルカン半島、チェコスロバキア、南ドイツ、オーストリア、ルーマニアを攻撃するため、イタリアに新たな航空軍を創設する必要性を痛感していた。

一九四三年一一月、連合軍がイタリアのフォッジア飛行場を奪取すると、アーノルドは第一五航空軍を新編し、司令官にネイサン・トワイニング中将を起用した。

アメリカでは、一九四三年夏頃から航空機の生産が軌道に乗ってきたため、部隊ではパイロット不足が深刻化していた。第八航空軍でもパイロットが不足し、B‐24は遊んでいる状態にあった。そのような中、アーノルドは、第一五航空軍に、リビアの第一二航空軍とイギリスの第八航空軍から爆撃機を抽出しようとしたため、第八爆撃軍司令官アイラ・エイカー中将は、戦力集中の原則に反するとして激しく抗議した。アーノルドは、エイカーの反対意見を退け、フォッジャに二一〇機のB‐17、九〇機のB‐24、戦闘機を集め、第一五航空軍隷下に六個爆撃航空団と二個戦闘航空団を編成した。

一二月一日、第一五航空軍は、イタリア本土を初爆撃し、橋梁、鉄道施設を破壊した。クリスマスには、

彼方まで続くフォード社のB-24爆撃機生産ライン。アメリカの圧倒的な戦時生産力を示している（1944年）

第八航空軍と協同で「連合爆撃攻勢（エイカープラン）」に参加し、アウグスブルグのメッサーシュミット戦闘機工場を爆撃した。新年には、アメリカ軍のアンツィオ上陸作戦を支援した。この時から、B-24には、新たに開発されたスペリー爆撃照準器が搭載された。

一九四四年一月、アーノルドは航空部隊を再編することとし、第八航空軍と第一五航空軍を統合してヨーロッパ戦域戦略空軍を新編し、スパーツが司令官に就任した。戦略空軍は、まさに西と南からドイツを挟撃することになる。

一九四四年二月、スパーツは、ドイツの航空機産業を破壊するため、七日間にわたる連続爆撃計画「ビッグウィーク」を計画した。二二日にB-17とB-24合計一一八機でシュトラウビングのメッサーシュミット戦闘機工場を爆撃したが、一四機が撃墜された。二三日は一〇二機でオーストリアのシュタイヤーにあるボールベアリング工場を爆撃し、工場の二〇パーセントを破壊した。二四日は一八〇機でゴータのメッサーシュミット戦闘機工場を爆撃したが、二八機を失った。二五日は一一四機でシュタイヤーに向かったが、部隊が分離したため、代わりにフィウメ石油精製所を爆撃し、一七機を失った。二八日は第八航空軍と協同で一〇〇〇機の航空機が参加し、レーゲンスブルク、アウグスブルグ、フェルト、シュトゥットガルトを爆撃した。

第一五航空軍は、「ビッグウィーク」で九〇機の爆撃機と多くの搭乗員を失ったが、大きな戦果があり、ドイツの航空機産業に深刻な打撃を与えたと評価していた。

四月、アイゼンハワー総司令官は、スパーツに、今度は東ヨーロッパの石油精製所と合成石油工場を爆撃するよう命じた。四月五日、第一五航空軍は、二三五機のB-17とB-24でルーマニアのプロエシュティ油田を再爆撃した。四月一五日と二四日にもプロイエシュティ油田を爆撃している。プロエシュティ油田への爆撃は、九月まで二〇回行ったが、その間に三五〇機を失っている。

五月、アイゼンハワー総司令官は、スパーツに連合軍のノルマンディ上陸作戦に向けて、上陸地域を爆撃する航空阻止を命じたが、あくまでもドイツ国内の目標の爆撃を主張するスパーツは激しく反対した。アイゼンハワー総司令官は、「ヨーロッパにおける陸軍航空軍の一時的な指揮権が自分に与えられない限り総司令官のポストから降りる」と発言してスパーツを説得した。スパーツは、ノルマンディ上陸作戦に限定して航空阻止を行うことに同意した。

第一五航空軍は、七月にフリードリスヒハーフェンのジェット戦闘機工場を爆撃し、九五〇機を破壊した。八月には、連合軍の南フランス侵攻作戦「アンヴィル作戦」に備え、マルセイユ、リヨン、グルノーブル、トゥーロンを爆撃した。

捕虜の救出

一九四四年八月、第一五航空軍の士気を高める出来事があった。当時、ルーマニアのブカレスト郊外の捕虜収容所には陸軍航空軍の捕虜が約一〇〇〇人収容されていた。ドイツ軍では、アメリカ陸軍航空軍やイギリス空軍の捕虜を収容する捕虜収容所は、同じ軍種のドイツ空軍が管理していた。ソ連軍がルーマニアに侵攻すると、捕虜はドイツに移動させられるか、ソ連軍の手に落ちる危険があった。捕虜のジェームズ・ガン中佐は、ルーマニア王室のカンタキューゼン大尉に話をつけて、Bf１０９戦闘機を奪取してどうにかイタリアにたどり着いた。

報告を受けたトワイニング司令官は、B-17を輸送用に改修するとともに、カンタキューゼン大尉をブカレスト空港に送り込み、ドイツ軍の有無を確認させた。ブカレスト空港にはドイツ軍はいなかった。五六機のB-17は、次々にブカレスト空港に滑り込み、捕虜達は信じられない幸運に大喜びした。三日間で一二七四名の捕虜が脱出された。捕虜達は、虱の駆除を受け、食事を与えられ、病院で必要な処置を施された後に本国に帰還した。

タスキーギ・エアメン

一九四四年秋、P-38とP-51に護衛されたB-17とB-24の大編隊は、チェコスロバキアのブルックス、ハンガリーのブダペスト、コマロム、ギュール、ペトフルデ、ユーゴスラビアのベオグラード、イタリアのトリエステを爆撃した。

当時、第一五航空軍には黒人のみで編成された第三三二戦闘飛行群と第四七七戦闘飛行群がいた。陸軍は、アメリカの人種隔離政策に人種差別を撤廃しており、アーノルドは、大学卒業生で民間パイロット訓練プログラムを受けた黒人のパイロットと整備兵を採用して、黒人のみの飛行群を編成した。彼らはタスキーギ・エアメンと呼ばれ、当初P-40、後にP-47とP-51を駆って、ドイツ戦闘機の駆逐と爆撃機の護衛に伝説に残るほどの活躍をした。

一九四五年三月二四日、第一五航空軍のB-17とB-24六六六機が、ベルリン、ミュンヘン、そしてチェコスロバキアの都市を爆撃した。ベルリン爆撃では、ドイツの新型ジェット戦闘機Me262の迎撃を受けている。

四月二五日、四六七機のB-17とB-24がオーストリアの鉄道目標を攻撃し、交通網を遮断した。五月一日、第一五航空軍は最後の爆撃を行った。五一機のP-36に援護された二七機のB-17がザルツブルクの鉄道を爆撃した。

五月七日にドイツが降伏した。第一五航空軍にはB-17が一四〇七機配備され、四四パーセントの六二四機を失った。B-24は三五四四機配備され、四九パーセントの一七五六機を失った。陸軍航空軍にとってイタリア戦線もまた激戦であった。

第17章　太平洋航空戦、一九四三年

ビスマルク海海戦

ポートモレスビーの第五航空軍と日本軍との航空撃滅戦は、五ヶ月間続いたが、一九四二年一〇月になると、第五空軍は戦力を回復して優位に立ち、東部ニューギニア方面の制空権を確保しつつあった。一九四三年一月、アーノルドは、ソロモン諸島の防衛を強化するために第一三航空軍を新編し、ネイサン・トワイニング少将を司令官に起用した。

一九四三年に入り、ガダルカナル島から撤退した日本軍は、東部ニューギニアに作戦の重点を移し、戦力を増強するため陸海軍協同の輸送作戦を立案した。同時期、連合軍も東部ニューギニアで攻勢に出て、一九四三年一月に、激戦の後に日本軍の拠点ブナを占領した。

二月二八日、日本海軍の第三水雷戦隊の駆逐艦八隻に護衛された陸軍輸送船七隻、海軍輸送艦一隻、計一六隻の輸送船団は、ニューブリテン島ラバウルを出航し、東部ニューギニアのラエとサラマウアへ向けて航行中であった。この船団は、日本陸軍第五一師団の将兵を乗せていた。日本軍は、集められるだけの航空機を集めて船団の護衛にあたらせていた。

三月一日、哨戒中のB-24は、ビスマルク海を航行中の日本船団を発見した。第五航空軍のA-20、B-

17、B-24、B-25、B-26、P-38、P-40、合計二六八機がポートモレスビーとブナで出撃準備を整えていた。第三爆撃飛行群第九〇爆撃飛行隊には、尾部銃座と下部銃塔を取り除き、前方機関銃を八挺備えたB-25C1が配備されており、その破壊力は大いに期待されていた。オーストラリア空軍は、ブリストル・ボーファイター双発爆撃機を一三機配備していた。

ケニー第五空軍司令官は、船団を護衛している駆逐艦は対空火砲が乏しいという情報を得ていたので、この作戦に新たに開発した反跳爆撃（スキップ・ボンビング）戦術を採用することにした。

第5空軍司令官ジョージ・ケニー中将とアーノルド（右）（1944年）

陸軍航空軍が開発した反跳爆撃は、低空で目標に接近して爆弾を投下する戦術である。投下された爆弾は、水面上を水切り石と同じ原理で反跳し、目標船舶の船腹に命中し起爆する。反跳爆撃は、水平爆撃に比べて命中精度が高い反面、低空を飛行するため対空砲火で被害を受けやすかった。ケニーは機銃を増設して対空砲火に備えさせた。

三月三日、ケニーは、オーストラリア空軍と共同で船団の波状攻撃を命じた。日本船団は、連合軍航空部隊の連続波状攻撃を受けて大損害を被った。さらに、三月四日にかけて魚雷艇の追撃と掃討作戦により、被害が拡大した。

一連の戦闘により、駆逐艦は四隻沈没し、輸送船は八隻沈没して輸送船団は全滅した。乗船していた将兵三〇〇〇名が戦死し、搭載していた火器や機材のすべてを失い、その後の日本軍のニューギニア方面の作戦に大きな影響を与えた。

ビスマルク海海戦での勝利は、ドゥリットルの東京空襲と同様に陸軍航空軍の士気は大いに高まった。マッカーサー司令官は、「史上屈指の完璧で圧倒的勝利に終わった戦い」との声明をラジオで発表している。アーノルドもケニーに電報を打って、戦果を絶賛した。

山本五十六連合艦隊司令長官の襲撃

一九四三年四月、日本海軍は、劣勢になったニューギニア方面で攻勢を開始すべく、「い」号作戦を計画し、集結した海軍航空隊を激励するために連合艦隊司令長官山本五十六大将がラバウルに進出した。「い」号作戦終了後、山本大将一行は、最前線のブイン基地の視察を計画した。当時、その方面は日本海軍の制空権下にあり、飛来する連合軍機は高々度を単機で偵察するP－38程度であり、危険はほとんどなかった。

しかし、山本大将一行の行動を連絡した通信文は、普段の電文にはないほどの長文であり、傍受していたがアメリカ海軍が注目していた。結局、電文は解読され、山本大将の視察経路と予定時刻はアメリカ太平洋艦隊司令部が知るところとなり、山本大将襲撃作戦「ヴェンジェンス」が計画されたが。フランク・ノックス海軍長官から山本大将襲撃作戦について説明を受けたアーノルドは、ソロモン諸島の第一三航空軍司令官ネイサン・トワイニング少将にまかせた。トワイニング少将は、第三四七戦闘飛行群第三三九飛行隊のジョン・ミッチェル少佐に山本大将の襲撃を命じた。襲撃機には、良好な航続性能を有するP－38戦闘機が選ばれた。

ミッチェル少佐は、山本大将一行の行動を分単位で分析したが、広大な大洋を飛行する陸攻と零戦は、まさにけし粒の様であった。そして、迎撃地点は、P－38の航続性能の限界に近かった。ミッチェル少佐は、迎撃時刻と迎撃位置を特定した。攻撃時間はわずか一五分しかなかった。パイロットは、いかなる犠牲を払っても撃墜すること、そして、必要があれば体当たりも辞さないことが命ぜられた。

四月一八日、ガダルカナル島のヘンダーソン飛行場を出撃した一六機のP－38は、山本大将一行が搭乗していた二機の陸上攻撃機と六機の援護戦闘機の捕捉に成功した。トーマス・ランファイア大尉とレックス・バーバー中尉の編隊が山本大将乗機を攻撃して撃墜し、山本大将は戦死した。日本海軍の正確な行動が仇になったのである。

トワイニング少将は、同日、ブーゲンビル島のカヒリ飛行場を空爆し、山本大将機への攻撃を付近一帯への攻撃の一部であるかのように見せかけた。

山本大将の戦死の報を聞いた第一南遣艦隊司令長官小沢治三郎中将は、暗号が漏れている可能性があると指摘したが、海軍の暗号部門が否定したため、沙汰やみになった。

六月、連合軍はニュージョージア島を攻略し、八月にはムンダ島、一一月にはブーゲンビル島を攻略した。ブーゲンビル島では三カ所の飛行場を建設して第一三航空軍が展開した。ブーゲンビル島は、ラバウルから三八〇キロの距離にあるため、日本軍機が来襲し、激しい空中戦が続いたが、物量に優る連合軍は徐々に優勢となり、日本軍は次第に消耗していった。

第18章　ヨーロッパ航空戦、一九四三年

少将に昇進したエイカーは、一九四二年一二月に戦略空軍司令官として北アフリカに転出したスパーツの後任として、勝手知ったる第八航空軍司令官に就任し、第八爆撃軍司令官のポストをニュートン・ロングフェロー准将に譲った。

カサブランカ会議と爆撃戦略

一九四三年一月、北アフリカ作戦後のヨーロッパ戦線の戦争指導と米英間の戦争協力を協議するため、ルーズベルト大統領とチャーチル首相は、モロッコのカサブランカで会談した。サブランカで会談後の共同記者会見で、両首脳は、「枢軸国に対して一切の和平交渉を拒絶し、無条件降伏を唯一の戦争終結とする」という原則を表明した。ソ連に「対独戦を最後まで戦い抜く」というメッセージを伝えるためであった。また、ヨーロッパではシシリー攻略を行い、ついで、イギリス本土に戦力を集中させる。そして、太平洋では防勢態勢をとることも決定された。

この時、第八航空軍はまだ一発の爆弾もドイツ本土に投下していないということが、ついにチャーチル首相を動かした。チャーチル首相は、カサブランカ会議で、ルーズベルト大統領に第八航空軍の夜間爆撃を進言しようとしていた。アーノルドは、そのような事態に至らぬよう必死の根回しを続ける一方、カサ

ブランカにエイカーを呼び寄せ、チャーチル首相の説得にあたらせることにした。

この時、エイカーが示した覚書に、「対独戦略爆撃は、第八航空軍による昼間精密爆撃とイギリス爆撃軍団による夜間都市無差別爆撃の併用が最善とし、昼夜連続したラウンド・ザ・クロック・ボンビング（二四時間連続爆撃）によってドイツを破壊するとともに、ドイツ国民に耐え難い苦痛を与えて早期降伏に導く」というものであった。

政治家であるチャーチル首相は、ラウンド・ザ・クロック・ボンビングの発想とキャッチフレーズが、連合国の国民に強い印象を与えることを即座に理解し、第八航空軍を夜間爆撃に参加させる案を一時保留にした。

次いで行われた米英参謀長会議で、戦略爆撃の目標と優先順位を次のように決定した。

第一目標群：潜水艦建造工場、潜水艦基地、航空機生産工場、ボールベアリング工場

第二目標群：合成石油生産工場、合成ゴム・合成タイヤ生産工場、戦車・戦闘車両製造工場

第三目標群：非鉄金属生産工場、鉄道車両製造施設、製鉄所

こうしてカサブランカ会議以降、第八航空軍とイギリス爆撃軍には棲み分けができ、ドイツは二四時間

カサブランカ会談に集合した米英の首脳。後列左から二人目がアーノルド、三人目がキング、一人おいてマーシャル。前列左からルーズベルト大統領、チャーチル首相（1943年）

の連続爆撃を受けることになる。そして、第八航空軍は、ドイツ降伏までの二年余の間、昼間精密爆撃に専従し、ドイツ防空部隊と死闘を繰り広げることになる。

アーノルドは、カサブランカ会議に出席した後、中国へ飛んだ。そして、帰国直後の二月二八日、最初の心臓発作に襲われ、ウォルターリード陸軍病院に三日間入院した。その後、回復期にある患者向けの病院に転用していたフロリダ州のビルトモア・ホテルで三週間の休養をとった。

この時、陸軍の規定によって一時軍務から離れることを余儀なくされたが、四月になるとアーノルドは体調の回復を訴えた。ルーズベルト大統領は、「毎月大統領に健康状態を報告する」という条件付きで規定の適用を撤回し、アーノルドを軍務に復帰させた。

しかし、五月一〇日、再び心臓発作を起こした。この時もウォルターリード陸軍病院に一〇日間入院したが、回復後に現場に復帰している。

肩に背負った大きな責任と緊張する作戦指導、そして大陸を超えたたびたびの出張によるストレスが次第にアーノルドの体を蝕み始めたのである。

カーチス・ルメイ大佐の新戦術

一九四二年一〇月にイギリスに到着した第三〇五爆撃飛行群司令カーチス・ルメイ大佐は、B-17の高々度性能と防御火器を最大限に活用するため、新たな爆撃編隊を編み出した。

ドイツの防空戦闘機は、二機編隊（ロッテ）か、せいぜい四機編隊（シュワルム）で迎撃する。ルメイは、各機の火器で相互の死角を補いつつ、火力を集中させて生存性を高める防御編隊を編み出した。

それは、三機一組の小隊が高度差をとって定められた位置につき、六機ずつ三個グループ一八機からな

イギリスに展開した第8航空軍第91爆撃飛行群第324爆撃飛行隊所属のB-17爆撃機で、25回の出撃を達成した「メンフィス・ベル号」を視察するアーノルド（左）（1943年）

る飛行隊単位のコンバット・ボックス（密集編隊）を構成する。コンバット・ボックスが三チーム集まって、飛行群単位のコンバット・ボックス・スタガーを構成する。コンバット・ボックスの有効性は、実戦で証明されたため、第八航空軍の戦術となった。

更にルメイは、爆撃精度を上げるために、編隊の先導機に優秀な爆撃手を搭乗させ、先導機の投弾のタイミングに合わせて後続機も一斉に投弾する一斉投下戦術を考案した。これもまた第八航空軍の戦術となった。

第八航空軍は、一九四二年一二月末まで、フランスとオランダにあるドイツ軍の拠点や軍需工場に二三回の爆撃を行ったが、この間、延べ一五四七機出撃し、三二機が未帰還となった。スパーツは、損害率の許容限度を四パーセントとしていたが、実戦では一・四パーセントであった。スパーツから第八航空軍の緒戦の戦果と被害報告を受けたアーノルドは、胸をなでおろした。

このような中、第八航空軍は、責任出撃回数二五回を達成した搭乗員には母国へ一時帰休することを認めていた。これは、出撃回数の上限を定めることによって、過酷な任務で沈みがちな搭乗員の士気を高めることが目的であった。

一九四二年のフランスとオランダの爆撃行は、これほど単調なものはないというほどの作戦であった。

くる日もくる日も同じ目標を爆撃した。第八航空軍に十分な爆撃機が無かったため、目標を壊滅させるほどの戦果が得られなかったからである。搭乗員達はまったく達成感を感じられず、せいぜい感じるとすれば、帰国を許可される二五回の責任爆撃を果たした時だけであった。

ドイツの防空網「カムフーバー・ライン」

第二次世界大戦前のドイツの夜間防空体制は、聴音機と探照灯で敵機を探知・追尾し、高射砲で攻撃するという原始的なものであった。まれに、月明かりを利用して単機の戦闘機による迎撃が行われる程度であった。

ドイツ空軍総司令官ヘルマン・ゲーリング元帥は、「たとえ一機たりとも、ルール上空に敵機を侵入させない」と豪語していた。しかし、ドイツ空軍は、一九四〇年五月一五日に行われた、五五機のイギリス空軍爆撃機によるルール工業地帯への夜間爆撃を阻止できなかった。

メンツを失ったゲーリングは、七月一七日に夜間防空専門部隊の第一航空師団（夜間）を新編し、指揮官にヨーゼフ・カムフーバー大佐を任命した。優れた指導力とオーガナイザーとしての手腕が評価されての人事であった。

カムフーバーは、一九四一年四月に新設された夜間戦闘機隊総監を兼任し、更に八月には第一航空師団を改編した第一二航空軍団司令官に就任し、少将に昇進した。

カムフーバーは、夜間戦闘機については、夜間の長距離侵攻用としてユンカースJu88とドルニエDo17、夜間の本土防空用としてメッサーシュミットBf１１０を配備した。

長距離侵攻夜戦隊は、三波の部隊を準備した。第一波は、イギリス本土に侵入して離陸時の敵機を攻撃する。第二派は、北海上空で侵攻する敵機を迎撃する。第三派は、敵基地上空で空中待機し、帰還する敵機を攻撃する、というものであった。一九四一年一月から一一月の迎撃戦果は一二五機、損失は五五機と、イギリス空軍は手痛い被害を被った。

しかし、一〇月一三日にヒトラーから長距離侵攻夜戦を中止する命令が届いた。「私は長距離侵攻夜戦の効果はないと思う。効果があるなら、イギリス軍はすぐにまねをしているはずだ」というのが理由であった。「敵の夜間爆撃機を撃墜するのであれば、その爆撃で被害を受けた国民の目の前で撃墜しなければ意味がない」とも言った。ヒトラーは、夜戦の搭乗員の戦果報告を信用していなかったのである。

かくして、カムフーバーは、本土防空用夜間迎撃に専従することになった。フライア・レーダー一基とビュルツブルグ・レーダー二基の捜索レーダー、そして探照灯、高射砲、夜間戦闘機をユニットとする防空部隊を編成し、そして、要撃管制戦術を開発した。その後ドイツは、フライアの代わりに「ヴァッサーマン」、「マルート」、「ヤークト・シュロス」、ビュルツブルグはより大型の「ビュルツブルグ・リーゼ」を開発して警戒監視機能を向上させた。

カムフーバーは、一九四二年夏までにデンマークからフランスまで南北二三〇キロ、東西三〇キロの地上から夜間戦闘機を誘導する防空システム「ヒンメルベッド」を建設した。

各防空部隊は、通信網でネットワーク化し、防空指令所で一元的に指揮した。特にルール工業地帯には、濃密な防空組織を構築した。連合軍は、この防空網をカムフーバー・ラインと呼んだ。

第八航空軍がドイツ本土爆撃を開始した一九四三年一月の時点で、カムフーバーは、二〇〇機の昼間戦闘機、四〇〇機の夜間戦闘機、六〇〇門の高射砲（八八ミリ、一〇五ミリ、一二八ミリ）、三〇〇門の対空機関砲（二〇ミリ、三〇ミリ）、一二〇〇個の探照灯、四〇個の阻塞気球を整備していた。しかし、夜間迎撃の撃墜比率は三～四パーセントと低かった。

イギリス爆撃軍は、一九四三年三月から七月にかけて、九九回、延べ二万三〇〇〇機出撃してルール地方を集中的に爆撃した。爆撃機の損害は、四・三パーセントであった。カムフーバーは、この爆撃直後、ゲーリングに航空機を一二〇〇機に増強するよう要望したが、拒否されている。

七月から八月にかけて、米英連合作戦で九回、延べ四三〇〇機でハンブルグを集中爆撃し、ハンブルグは壊滅した。この時、イギリス空軍は、レーダー妨害用アルミ箔「ウィンドウ」を初めて使用した。この奇襲爆撃では、カムフーバー・ラインは無力であった。

カムフーバーは、その対策として、地上の管制によらず、夜間戦闘機が自主的に目標を求めて迎撃する新戦術「ヴィルテザウ（野生の猪）」と「ツァーメザウ（飼いならされた猪）」を開発して、九月には月間二〇〇機を撃墜する戦果をあげた。

第一二航空軍団の増強は遅々として進まなかったが、反対に連合国の航空機生産と搭乗員の訓練のペースは速かった。ゲーリングに反目し、ゲーリングの期待に応えられなかったカムフーバーは、一九四三年九月一五日に解任されている。

ロバート・マクナマラのスカウト

一九四三年に入り、連合国は、スターリングラード、ガダルカナル、北アフリカで枢軸国を押し返し、守勢から攻勢に転じたことが明らかになった。そして、アメリカの戦争経済も軌道に乗りはじめ、航空機の大量生産が始まっていた。

そのような中、アーノルドは、再びハーバード大学に支援を求めた。一九四三年夏、アーノルドはハーバード大学経営大学院を訪れてマイルズ・メース教授に協力を申し出た。そして、メースの部下のロバート・マクナマラ助教授を陸軍航空軍にスカウトし、統計管理局計画主任のチャールズ・ソーントン大佐の下で、戦略爆撃の解析及び戦略爆撃計画の立案に従事させた。マクナマラの身分は当初はコンサルタントであったが、後に陸軍士官に任命された。

対独爆撃が軌道に乗り始めた頃、ヨーロッパ戦線で余剰になったB-17を太平洋戦線に転用する案が浮上した。しかし、マクナマラと統計管理局の若手将校達は統計学を用いて、B-29を対日戦略爆撃に使用することが効率的であることを主張した。彼らの意見は採用され、B-29の大量生産が決定した。

その後、マクナマラは対日戦略爆撃のために新たに編成された第二〇航空軍に転勤し、B-29の戦略爆撃の解析と生産管理を担当した。マクナマラは中佐まで昇進し、一九四六年に陸軍を退役している。

ドイツ本土爆撃

与圧設備がなく、外気にさらされるB-17やB-24の搭乗員が飛行作業に耐えられる生理的限界高度は、七五〇〇メートルであり、この高度は、ドイツ防空戦闘機の常用作戦高度の上限であった。ドイツ防空戦闘機は、高々度性能に優れているメッサーシュミットBf１０９と低空での運動性の良いフォッケウルフFw１９０であった。このため、カムフーバー・ラインに到達すると、戦闘機による迎撃と高射砲の激しい砲撃を受けた。

B-17の欠点は、イギリスの爆撃機に比べて爆弾搭載量が少ないことであり、最大で四トン、通常二・五トンの爆弾搭載量は、イギリスの爆撃機の半分以下であった。そのため、イギリスの爆撃機と同等の戦果をあげるには機数を増やす必要があった。また、第八航空軍にとって最大の問題は、援護戦闘機の数が少なかったことであった。エイカーは、十分な援護戦闘機を配備しないままドイツ本土爆撃に踏み切らざるを得なかった。

一九四三年一月二七日、エイカーは、宿願であったドイツ本土爆撃を開始した。この日、六四機のB-17とB-24は、アームストロング大佐の指揮でヴィルヘルムスハーフェンのUボート基地を爆撃したが、全弾が外れて戦果はなく、三機が失われた。

引き続き、三月一八日に九七機でフェゲザックの航空機工場、四月一七日に一一五機でブレーメンのフォッケウルフ航空機工場を爆撃したが、一六機を失い、四四機が損傷するという損害を被っている。

第八航空軍では、二月から三月の小さな損害が累積し、四月に厳しい状況を招いた。補充機と補充搭乗員が喪失数に追い付かなくなったのである。それまでの示されていた出撃回数二五回で帰国できるという制度を、三〇回に延長しなければならなくなった。この規則の変更は、搭乗員たちの士気に悪影響を及ぼした。彼らは食堂や宿舎で集まるたびに、確率計算を繰り返しては悪態をついた。

第八航空軍の参謀が機体の喪失率の計算をしたところ、今の状態が続けば、一ヵ月以内に最後の一機が出撃することになる、という結論を出した。その時、エイカーは「その機には自分が乗って出撃する」と言ったという。事態はそれほど深刻だった。

この問題は、アメリカ本国にいるアーノルドにはわかりにくかった。アーノルドは、イギリスに送り込んだ機数や搭乗員数から喪失した分を単純にマイナスした数字で判断していた。だが、第八航空軍の場合、喪失機以外にも保有機数の約半分が整備中や修理中で、出撃が可能なのは残りの約半分にすぎなかったのである。

エイカーはこの点をアーノルドに必死に説明して理解させ、補充機を増やしてもらうことに成功した。

だが、代わりに、必要な機数さえ揃えばドイツ本土の重要目標を壊滅させるという、かねてからアーノルドが連合軍首脳部に話した公約を実現しなければならなかった。

爆撃機の護衛問題

一九四三年四月一七日のブレーメン爆撃では、出撃した一一五機のB-17のうち一六機が撃墜されるという大惨事が起きた。その結果、それまでくすぶっていた護衛戦闘機の問題がにわかにクローズアップされることになった。

爆撃機の搭乗員たちからリトルフレンズの愛称で呼ばれていた護衛戦闘機は、最も航続距離が短いイギリス空軍のスピットファイアはもちろんのこと、P-38やP-47もドイツ深部に向かう爆撃機部隊の全飛行行程を護衛することは不可能であった。

エイカーの再三の要請にもかかわらず、戦関磯の航続距離を延伸する唯一の方法である増槽の開発と生産が大幅に滞っていたため、ドイツ軍戦闘機は送り狼よろしく、進出限界点に達した護衛戦闘機が帰投するのを見計らって、一斉に爆撃機に襲いかかる戦法を採っていた。

「俺たちが離陸すると、まずイギリスのスピット（ファイア）が海峡（英仏海峡）の端っこまで護衛に付いてくれる。そこから先は、ジャグ（P-47）がアーヘンまで送ってくれる。それから先はメッサーシュミットとフォッケウルフが目標の往復に付き合ってくれ、海峡まで戻ると、またジャグが護衛してくれる。もちろん、海峡まで戻れればの話だが」と、爆撃機搭乗員たちは、自虐的なジョークで全飛行行程を味方の戦闘機に護衛してもらえない怒りをぶちまけていた。

護衛戦闘機不足の問題を解決する別の方法も考えられた。それがB-17と編隊を組んで護衛するというコンセプトに基づいて開発された、「爆撃機を護衛する爆撃機」ＹＢ－40である。ＹＢ－40は、ベガ社がＢ－17Ｆを改造して二〇機生産された。

ＹＢ－40改造のポイントは機関銃の増設と防御装甲の強化である。Ｂ－17Ｆ本来の銃座をすべて残したうえ、機首に遠隔操作式の旋回砲塔を設け、さらに機体上部の通信士窓の部分に旋回砲塔を増設し、左右の胴体側面銃座を連装化し、尾部銃座に至っては四連装化した。むろん、爆弾は搭載せず、爆弾倉は改造されて機関銃弾庫になった。

だが、いざＹＢ－40を実戦に投入してみると、欠点が露呈した。ＹＢ－40は重過ぎて、Ｂ－17と編隊を組むとかえって足手まといになることが判明したのである。この傾向は、Ｂ－17が爆弾を投下して軽くなると更に顕著になった。その結果、ＹＢ－40はすぐに使われなくなったが、正面防御火力強化の観点から採用したチン・ターレット（頭部旋回銃塔）だけは、一九四三年七月から生産が始まったＢ－17Ｇに受け継がれている。チン・ターレットによって、Ｂ－17の最大の弱点であった正面からの攻撃に備えることができたのである。

連合爆撃攻勢エイカープラン

一九四二年夏から冬にかけてＡＷＰＤ－2に基づいて行われた爆撃はうまくいかなかった。ドイツは、爆撃を受けた施設を短期間で修復して再建した。爆撃による破壊と復旧のいたちごっこが繰り返されていた。

一九四三年初め、アーノルドは、戦略を練り直すことにした。新たに、経済学者、経営学者、統計学者、政治学者、科学者、技術者を動員してドイツの産業を分析し、その相互関係を調べ、どのポイントを断ち切れば、どれだけの産業が影響を受けるかを探り出そうとした。そして、アーノルドとエイカーは、爆撃機三〇〇機で濃密な編隊を組めば、五パーセント以下の損害でドイツ国内のあらゆる目標を爆撃できると確信していた。

一九四三年三月一九日、アーノルドは大将に昇任した。中将に昇任して一年三ヵ月後の早い昇任であり、これで、統合参謀本部では、他の大将と同格となった。

四月上旬、第八航空軍にようやくP-47が配備された。P-47は、増槽をつければ、ルール地方のハノーバーやフランクフルトまで護衛できた。そして、この護衛戦闘では、ヒューバート・ゼムケ大佐が指揮する第五六戦闘飛行群（ウルフ・パック）は、ドイツ防空戦闘機と奮闘し、中でもフランシス・ガブレスキー中佐は、二八機を撃墜して撃墜王になった。

五月一〇日、アーノルドは二回目の心臓発作に襲われ、ウォルターリード陸軍病院に一〇日間入院した。アーノルドは、安静を命じたマーシャルの意向に反し、陸軍病院を脱出して息子のブルースが入学を控えていた陸軍士官学校でスピーチを行っている。

五月、エイカーは、イギリス空軍首脳と協議して連合爆撃攻勢（エイカープラン）を策定した。三度目の作戦方針転換であった。

連合爆撃攻勢は、西ヨーロッパで第八航空軍がイギリス空軍と対等の立場で共同作戦を行うという公約を履行するものであり、その後の対独戦略爆撃の起点となった作戦であった。目標は、次のとおりであった。

前提目標：戦闘機と戦闘機製造工場

主要目標：潜水艦造船所と潜水艦基地、航空機産業、ボールベアリング工場、石油精製工場

副次目標：合成ゴム・合成タイヤ製造工場、軍用車両製造工場

そして、「実動戦力として、一日に最低三〇〇機を出撃させる。そのために最低八〇〇機を配備する」ことを明記した。シュヴァインフルトやレーゲンスブルグのようなドイツ奥地の都市も爆撃目標に入れた。エイカーは、連合爆撃攻勢に基づき、第八航空軍爆撃計画「ポイントブランク」を策定した。

五月、第八航空軍に配備された爆撃機は二〇〇機を超えたので、エイカーは、護衛戦闘機の行動半径を超えた目標の爆撃を開始した。六月一三日、一五一機でブレーメン、七六機でキールの潜水艦造船所を攻撃したが二六機を喪失した。

六月二二日、二三五機でルール工業地帯のヒュルスにある合成ゴム製造工場群を爆撃した。この爆撃では、高い命中率を得られ、第二次世界大戦で最も成功した作戦といわれた。この勝利は、爆撃機の機数がそろったこと、効果的な爆撃目標を選定したこと、そして、援護戦闘機のP-47が配備されたことが原因であった。

七月、アーノルドは、意思疎通が良くなかった第八爆撃軍司令官ロングフェロー准将を更迭し、後任に積極的な性格のフレデリック・アンダーセン准将を起用した。

七月下旬に天候が回復したため、エイカーは、さらなる積極策に出た。「ポイントブランク」の一環として一週間の連続爆撃作戦「ブリッツウィーク（電撃週間）」を計画した。七月二四日から三〇日までの一週間は、二七日以外は連日の出撃となった。

だが、連続出撃に伴う犠牲もまた大きかった。わずか六回の出撃で一〇〇機が失われ、戦傷死と行方不明者の合計が一〇〇〇名を超えた。この数字は、エイカーと第八航空軍の参謀にとっては、辛いながらも想定内だったが、兵士の間では戦闘の恐怖に耐え切れず、神経症を患って戦線を離脱する搭乗員が急増し

た。

ついで、ハンブルク、ハノーバー、カッセル、バルネミュンデの航空機工場、キールのUボート基地に延べ一九二四機が出撃したが、八七機を失った。損害率は、七パーセントであり、一九四三年上半期の平均喪失率は、六・六パーセントに跳ね上がった。エイカーが許容していた損害率は五パーセントであったので、予想以上の被害であった。

八月一二日には、三三〇機でルール工業地帯を爆撃したが、二五機が撃墜された。八月一三日には、ヴィーナーノイシュタットの飛行機工場を爆撃している。この時期ドイツの防空網は、依然として強力であった。

シュヴァインフルト爆撃

ドイツのボールベアリング産業の四五パーセントは、ドイツ南部の人口五万人のシュヴァインフルトの五ヶ所の工場に集中していた。シュヴァインフルトは、ドイツの軍需産業のボトル・ネック（隘路）であり、連合爆撃攻勢の象徴的な目標であった。

シュヴァインフルトのような小都市を夜間に発見することは困難なことから、この爆撃は、第八航空軍が実施することになった。シュヴァインフルトは、B-17が二・五トンの爆弾を搭載して行動できる範囲内にあった。

一九四三年七月までに、第八航空軍には三六〇機の爆撃機が配備されていた。この時、エイカーは、直接ドイツ空軍に打撃を与えることも必要と考え、シュヴァインフルトの南東のレーゲンズフルグにあるメッサーシュミット戦闘機工場も同時に爆撃することにした。

レーゲンズブルグは、カーチス・ルメイ准将の第四爆撃航空団、シュヴァインフルトは、ロバート・ウィリアム准将の第一爆撃航空団が担当した。

作戦計画は、次のとおりであった。
・陽動部隊としてレーゲンズブルグを爆撃する第四爆撃航空団を先行させる。
・シュヴァインフルトを爆撃する第一爆撃航空団は、一時間後に出撃する。
・陽動部隊は、北アフリカのアルジェに着陸した後、再武装し、南からフランスを爆撃してイギリスに帰投する。
一九四三年八月一七日、レーゲンスブルグに向かう一四六機のB-17が離陸した。しかし、離陸直前、イギリス南部は厚い霧で覆われ、シュヴァインフルトに向かう本隊の二三〇機のB-17とB-24の発進は、三時間遅れてしまった。この遅れが作戦に致命的な影響を与えた。

陽動部隊は、ドイツ戦闘機の猛攻を受けてレーゲンズブルグに到着するまでに一五機が撃墜されたが、レーゲンズフルグには三〇三トンの爆弾を投下した。レーゲンズフルグの爆撃精度は高く、ほぼ全弾が目標に命中した。しかし、アルジェリアに到着したB-17のうち六一機は破壊がひどく廃棄処分にされた。その後、フランスを爆撃し、イギリスに帰投したB-17はわずか六〇機であった。

遅れて出撃した本隊がドイツに侵入した時、再出撃準備を終えたドイツ戦闘機が待ち受けていた。B-17とB-24三六機が撃墜され、イギリスに帰投したB-17のうち二〇機は修理不能で処分された。この作戦で、一四七機の爆撃機と搭乗員五五〇名を失い、第八航空軍兵士の士気は急速に低下した。

シュヴァインフルトの生産力は、三五パーセント低下したと判定された。エイカーは、爆撃機の損害があまりにも多いので驚いたものの、昼間高々度精密爆撃に対する信念は揺らぐことはなかった。

エイカーは、戦力の回復を図りつつ、フランス国内の目標に限定して爆撃を実施した。これは北西ヨーロッパに展開したドイツ空軍部隊の減殺を狙った「クスターキー作戦」の一環であり、全行程に渡ってリトルフレンズが随伴してくれるため、爆撃機の搭乗員たちは、この爆撃行をミルクラン（牛乳配達）と呼んだ。

その後、九月六日に三三八機のB-17とB-24でシュツットガルトの航空機工場を爆撃した。この爆撃もドイツ戦闘機の猛攻を受けて四五機が撃墜された。

ボールベアリングは、ドイツの兵器工業にとって必須の製品であり、シュヴァインフルトのボールベアリング工場群は急速に再興されていた。エイカーは、この情報を入手すると、再びシュヴァインフルト爆撃を決めた。

一〇月一四日、B-17三一七機、B-24六〇機が出撃したが、B-24は悪天候で全機が任務中止となり、B-17も指揮系統が混乱したため、シュヴァインフルトへ到着したのは、二九一機であった。

随伴したP-47は、ドイツ国境内に一〇キロまでしか進出できなかった。その後、ドイツ防空戦闘機が大挙して来襲し、高射砲の濃密な弾幕射撃も加わった。こうして、六五機が撃墜され、六四機が廃棄処分された。この大損害によって得たものは、ボールベアリング生産の六〇パーセントを低下させただけであった。

その後、ドイツはボールベアリングの在庫をやりくりしたり、中古の機材を分解してベアリングを回収したり、中立国のスウェーデンとスイスから緊急輸入したり、機械の設計を変更してロール・ベアリングに代えるなどの対策をとり、急場をしのいだ。

第八航空軍は、一〇月一四日を「暗黒の木曜日」と呼んだ。もし、シュヴァインフルトを連続爆撃していれば、ドイツのベアリング生産を停止させたかもしれないが、二〇パーセントを超える損害は、機材の面からも、航空兵の士気の面からも壊滅的で、シュヴァインフルトに対する第三回目の爆撃はなかった。

一九四三年一一月、ついに、爆撃行の全行程を随伴できるP-51を装備した第三五四戦闘飛行群（パイオニア・マスタング）がイギリスに到着した。P-51は、一二月一三日のキール軍港の爆撃から爆撃機の護衛に随伴するようになり、P-51の部隊が増えるにつれ、第八航空軍の現害も確実に減少の一途をたどった。また、一九四三年後半に防御能力を向上させた最新鋭のB-17Gの配備が始まったことも、損害が減った要因のひとつであった。

地中海戦域での戦いが落ち着きを見せるに伴い、第八航空軍への増援と補充もまた増大し、それに合わせて出撃機数も増加していった。一一月三日には五六六機、二六日には六三三機、一二月一三日には七一〇機、二四日には七二二機の爆撃機が出撃した。

P-51が配備され、爆撃機の機数がそろった一九四四年初めから、ヨーロッパ大陸の航空優勢が連合軍側に傾いていった。一六ヵ月前に第八航空軍がたった一ダース一二機のB-17でささやかな初出撃を飾ったことを思うと、エイカーは感無量であった。

突撃飛行隊「シュトルムボック」

ドイツ空軍は、ドイツ本土を爆撃する連合国の爆撃機に対し、火力と装甲を強化したフォッケウルフFw190戦闘機による突撃飛行隊を編成して対抗した。

ドイツ空軍では、B-17やB-24が正面の防御火力が脆弱であることから、二機かせいぜい四機による正面攻撃を多用したが、成果があがらなかった。

そこで、昼間戦闘機部隊や地上襲撃部隊で戦闘経験を積み、優れたパイロットで飛行部隊指揮官であったハンス・コルナッキィ少佐は、新たな戦術を考案した。

それは、重武装の一個飛行隊の戦闘機による一斉攻撃で、全機が横一列の編隊を組み、爆撃機の後ろ斜め上方から斜め下方に肉薄し、各機がそれぞれ定めた目標に向かって至近距離から必殺の一撃を加えて、爆撃機の反撃を困難にする戦術であった。しかも、この戦闘に参加するパイロットは、必要とあれば敵機への体当たりも辞さないという覚悟が求められていた。その場合は、落下傘で脱出し、生還することもまた求められていた。

コルナッキィ少佐は、突撃用の専用機としたFw190は、運動性に優れ、飛行性能に癖がなく、機首に七・九二ミリ機関銃二挺、両翼に二〇ミリ機関銃四挺という強力な火力を備えていた。キャノピー正面に五〇ミリ厚、両側面に三〇ミリ厚の防弾ガラスを外付けし、さらにコクピットの側面には、五ミリ厚の装甲板を取り付けた。

一九四三年一〇月一九日、改装を終えた一二機のFw190で編成された突撃飛行隊「シュトルムイェーガー」が試験運用を始めた。

一九四四年一月一一日、錬成訓練を終えた突撃飛行隊が初出撃し、B-17を一機撃墜した。一月三〇日には、体当たりによる初撃墜を記録している。この時は、パイロットはパラシュートで脱出して生還している。四月一一日には、B-17を一機、B-24を七機、P-47を一機を撃墜した。四月二九日には、B-17を八機撃墜した。

突撃飛行隊が有効であることが判明したため、第三戦闘航空団第四飛行隊が新たに突撃飛行隊に改編された。機体は、一三ミリ機関銃二挺、二〇ミリ機関銃二挺、三〇ミリ機関銃二挺という大火力を装備した

Fw１９０で、突撃飛行隊「シュトルムボック」と命名された。

突撃飛行隊「シュトルムボック」の初出撃は、五月四日であり、B-17を一機撃墜した。七月七日の空戦では、飛行隊長ウィルヘルム・モリッツ大尉に率いられた四四機がB-24を一二機撃墜している。

B-24の搭乗員達は、肉薄して果敢に攻撃を仕掛けてくるFw１９０を群狼攻撃（ウルフパック）といって恐れた。七月七日の空戦は、ドイツ国内で大々的に報道され、一躍有名になった。そして、更に二個の飛行隊が突撃飛行隊に改編された。

しかし、B-17とB-24を援護する戦闘機の防御スクリーンが強力になり、重武装で飛行性能の低下したFw１９０では接近する前に撃墜されることが多くなった。また、ドイツ軍パイロットの技量も低下していったので、突撃飛行隊「シュトルムボック」は姿を消していった。

第4部

勝利を決定した戦略爆撃

第19章　B-29の開発、生産、配備

B-29の開発

ボーイングB-29スーパーフォートレス（超空の要塞）は、最初から昼間高々度精密爆撃のために開発された爆撃機であった。

一九三四年五月、陸軍航空隊は長距離渡洋爆撃を想定した新型爆撃機製造計画プロジェクトAを発足させた。一九三九年一一月に長距離戦略爆撃機（VLR）の仕様書を提出し、一九四一年九月に陸軍航空軍とボーイング社の間で開発契約が締結された。一九四二年九月、B-29の試作一号機が初飛行した。B-29の搭乗員には最高の優先度が与えられ、特に技量の優れた搭乗員か経験豊かなベテラン搭乗員が選抜された。

B-29の性能は、最大九〇〇〇キロの爆弾を搭載し、速度は時速五七〇キロ、航続距離は五七〇〇キロメートル、上昇限度は一万二〇〇〇メートルであった。

B-29には次の新技術が取り入れられており、それは未来から来た航空機と呼んでもよいほどであった。

- 航空機関士を配置して、パイロットとの分業化を図った。
- 高度九〇〇〇メートルで高度二四〇〇メートルの気圧を維持するよう与圧された。

ボーイングB-29スーパーフォートレス

対日戦略爆撃を担ったB-29は、第二次世界大戦における傑作爆撃機であった。1942年9月に初飛行したB-29は、最初から長距離戦略爆撃を想定して設計された機体であり、長距離を高々度、高速で飛行するため、多くの先端テクノロジーが盛り込まれていた。

空気抵抗を少なくするために機体は真円とし、機首は球形にした。主翼には層流翼を採用し、乗員の乗務環境の改善と快適性を考慮して乗員室を与圧化して空調設備を完備し、酸素マスクなしで15時間搭乗できた。ノルデン爆撃照準器、航法支援・爆撃照準用レーダーが装備された。コンピュータ制御射撃管制システムが導入されて射撃データは自動的に算出された。夜間爆撃型には夜間射撃管制レーダーが装備された。

B-29の開発には、当時としては破格の30億ドルの巨費が投入され、アメリカの航空工業の粋を集めて製造された。亜成層圏から爆撃できるB-29は、まさに「未来から来た航空機」であった。

✺性能データ

全長:30.18m、全幅:43.05m、全高:9.02m、自重:31,815kg、最大離陸重量:56,245kg、巡航速度:350km/h、最大速度:576km/h、実用上昇限度:9,720m、航続距離:5,230km、最大航続距離:6,600km、武装:12,7mm機関銃×10、20mm機関銃×1、爆弾:9,072kg、エンジン:ライトR-3350デュープレックス・サイクロン×4、離昇出力:4発で8,800hp、乗員:11名、生産機数:3,970機

・冷暖房が完備され、搭乗員は通常の飛行服で勤務できた。
・機体の断面は真円で、突起物を少なくして機体の抵抗を低減させた。
・ライト社が開発したライトR-3350エンジン（二二〇〇馬力）を四発搭載した。
・エンジンには排気タービン付過給器を装備し、高空での出力の低下を防いだ。
・五か所の機関銃は、射手が集中管制して遠隔操作した。
・射撃管制には、アナログ・コンピューターが使用された。
・ノルデン爆撃照準器、機上レーダー、航法装置を装備した。

B-29の欠点は、ライト社製エンジンが過熱しやすく、よく火災を起こすことであった。クルーの間では、エンジンが発火した場合は「三〇秒以内に火が消えるか、さもなければ自分達が消えるか」という戯言があるほどであった。また搭乗員の間では、三発エンジンでの飛行時間を競うことも流行ったという。

B-29の開発経費は総額三〇億ドルに上り、陸軍のもう一つのビッグ・プロジェクトである原子爆弾の開発計画「マンハッタン計画」が二〇億ドルであることを見ても、その巨額さがわかる。

一九四三年二月一八日に墜落したXB-29は、多数の目撃者がいたためアメリカ国内で報道された。この報道により日本陸軍はB-29の存在を掴み、陸軍省軍務局長佐藤賢了少将を委員長とするB-29対策委員会を設置して資料を収集した。そして、B-29の量産開始は一九四三年九月から一〇月頃、生産数は一九四四年六月までに四八〇機、同年末までに千数百機と予想した。そして、ハワイやミッドウェー島から日本を爆撃すると判断していた。

対日爆撃計画

一九四三年一月のカサブランカ会談で、マーシャル参謀総長は中国から日本への爆撃を行うことを提案し、ついでアーノルドはＢ-29の開発状況を報告した。その後、アーノルドは中国に渡り、中国政府と対日爆撃計画を調整した。

五月、ワシントンで米英首脳会議と米英連合参謀会議が開催され、Ｂ-29の運用が検討された。連合軍の支配地域でＢ-29を使えそうなのは中国だけであったが、中国・ビルマ・インド戦域アメリカ陸軍司令官ジョセフ・スティルウェル中将は、「それらの爆撃攻勢に対し、日本軍は陸空からの大規模な作戦をもって、猛烈に中国に反撃するであろう」と日本軍の反撃を懸念したため、当初はインドのカルカッタを根拠基地とし、中国を前進基地とする案を提示した。

Ｂ-29は初飛行に成功したが、アーノルドは、不具合や初期故障を出し尽くして完成するにはさらに一年かかるとみていた。そして、一年後のヨーロッパでの戦況を見据え、「我々はＢ-29の爆撃目標をドイツと考えなかった。Ｂ-29の作戦準備が整うまでに、Ｂ-17やＢ-24が、ドイツとドイツの占領地域の工業力、通信網、その他の軍事目標の大半をすでに破壊してしまっている」とし、初めからＢ-29を太平洋戦線で使用しようとした。

この時点での陸軍航空軍の対日爆撃計画は、一九四四年一〇月までにＢ-29一〇個飛行群（二八〇機）を編成し、その後七八〇機まで増強して、一カ月に五回出撃すれば一年以内に日本が降伏するという楽観的なものであった。

八月のケベック会談で、再度Ｂ-29の対日爆撃作戦が検討された。アーノルドの案は、インドのカルカッタを根拠基地、中国四川省の成都を前進基地とし、そして対日爆撃の開始を一九四四年四月一日に前倒ししたものであった。

八月二七日、アーノルドは、日本を敗北に導くための爆撃計画をルーズベルト大統領に提出した。それは、日本の工業地帯に対する大規模で継続的な爆撃であり、焼夷弾の使用も言及していた。また、アーノルドは、科学研究開発局長官バネバー・ブッシュから「焼夷弾攻撃の決定についての人道的側面については、高レベルで議論する必要がある」と注意されていたが、アーノルドが上層部へ焼夷弾攻撃の可否について要請した記録はない。

一〇月、アーノルドはスティルウェルと協議し、B-29の展開計画「マッターホーン計画」をルーズベルト大統領に報告した。ルーズベルト大統領は、「マッターホーン計画」を承認するとともに、チャーチル首相に「この重爆撃機は、カルカッタ付近に建設中の基地から飛ばすことができる。これは大胆であるが、実行可能な計画である。この作戦の遂行によって、アジアにおける連合軍の勝利を促進できるだろう」という手紙を送って協力を要請した。そして、蒋介石には成都に五個の飛行場を建設するよう依頼した。

B-29の展開計画「マッターホーン計画」

これでB-29をめぐる連合軍内部の政治的な確執は解決したが、実際に「マッターホーン計画」を実行するとなると別の問題があった。アメリカからインドを経由して中国までB-29を進出させるのには途方もない困難が伴った。

インドへは予備部品や人員は船で送ることができたが、中国はそうはいかなかった。アメリカ本土からインドまで、B-29を空輸するには、南大西洋を越え、アフリカ大陸を横断して、地球を三分の二周しなくてはならなかった。そして、インドから中国へ飛ぶには三〇〇〇メートル級の高峰が連なるヒマラヤ山脈を越えなければならなかった。

この航路の天候も気流も不安定で、しばしば巨大な積乱雲が発生した。しかも航法を助ける電波ビーコンや緊急時の補助着陸場なども全くなかった。時たま姿を見せる日本軍の戦闘機も、自然がもたらす脅威に比べれば物の数ではなかった。

ヒマラヤを越えて、B-29そのものを進出させるだけでなく、燃料、爆弾、予備部品、銃弾などありとあらゆるものを空路で中国へと運び込まなくてはならなかった。あるときは予備エンジンを積み、あるときは爆弾倉に燃料を積み込んで、B-29は徐々に中国への配備を増やしていった。

対日爆撃計画をめぐる問題

太平洋では、連合軍の指揮権は、ダグラス・マッカーサー大将率いる南西太平洋方面軍と、チェスター・ニミッツ大将率いる中部太平洋方面軍に区分されており、陸軍と海軍の主導権争いが激化していた。マッカーサーは南西太平洋方面軍に統合することを主張したが、キング海軍作戦部長が強硬に反対していた。あくまでも「オレンジ計画」を進めようとするキングは、太平洋の要衝マリアナ諸島が占領できれば、そこが台湾や中国本土への侵攻基地となり、日本本土を封鎖して息の根を止めることができると考えていた。

アーノルドは、B-29の航続性能からみて、中国からでは満州南部、朝鮮、九州、台湾、東南アジア北部を爆撃するのがせいいっぱいであり、もっと日本本土に近い基地が必要と考えていた。もしマリアナ諸島が占領できれば、青森県から台湾まで爆撃でき、また、海路で大量の物資を安定的に補給できることも好都合であった。

アーノルドは、キングが同じマリアナ攻略を優先していることを知ると、キングに接近し、両名でフィリピンへの早期侵攻を主張していたマッカーサーに理解を示していたマーシャルに、マリアナの戦略的価値を説き、納得させた。

マッカーサーの部下の第五航空軍司令官ジョージ・ケニー中将は、「マリアナからでは戦闘機の護衛が不可能であり、護衛がなければB-29は高々度からの爆撃を余儀なくされ、精度はお粗末になるだろう。こうした爆撃は『曲芸』以外の何物でもない」と反論した。ケニーの指摘のとおり、マリアナ諸島から日本本土への爆撃行では、戦闘機の護衛ができなかった。

しかし、アーノルドとキングの信念は揺らぐことはなく、マッカーサーやケニーの反論を撥ねつけた。アーノルドとキングが手を組んだことで、対独作戦を優先していたチャーチルによって停滞していた太平洋戦線が動くことになった。

一九四三年一二月のテヘラン会談で、マリアナ侵攻とアーノルドの「日本を撃破するための航空攻撃計画」が承認され、会議文書に「日本本土の戦略爆撃のために爆撃機部隊をグアム、テニアン、サイパンに設置する」という文言が盛り込まれた。しかし、マッカーサーは、主張を変えなかったため、統合参謀本部は、ワシントンにマッカーサー代理のリチャード・サザーランド中将を呼んで統合参謀本部の方針を示し、ニミッツにはマリアナ侵攻作戦「フォレージャー（掠奪者）」を一九四四年六月に前倒しすることを命じた。

一一月四日、アーノルドはUP通信社の取材に対し、「有力な武装を持ち、高々度飛行用に建造された新大型爆撃機は、遠からず対日爆撃に乗り出すべく準備されるであろう」と語っている。

一九四三年一一月、ルーズベルト大統領、チャーチル首相、蒋介石総統は、カイロに集まり、首脳会談に臨んだ。その席上、アメリカ陸海軍の提案による「日本を打破する全計画」が承認された。そのうちの陸軍航空軍によるB‐29の対日爆撃戦略が「マッターホーン計画」と呼称された。

第二〇航空軍の新編

新型で高性能のB‐29には、連合軍の各方面が大きな期待を寄せており、自分の戦線で用いることを望んでいた。北部ニューギニアからフィリピンへと進撃しつつあった南西太平洋方面総司令官マッカーサー大将や東南アジア方面連合軍総司令官であるイギリス海軍のルイス・マウントバッテン大将、それにアメリカ海軍までもがB‐29を指揮下に置きたがっていた。

指揮系統が混乱すれば、B‐29が十分に働けないことを懸念した統合参謀本部は、一九四四年四月に、統合参謀本部に直属する第二〇航空軍を新編し、ワシントンから直接指揮することにした。そして、アーノルドが司令官を兼務するとともに、参謀長にヘイウッド・ハンセル准将を起用した。これは、軍隊の組織からみてまったく前例の無い措置であった。

マーシャルは、第二〇航空軍を新編した理由について、「新しい爆撃機の力は非常に大きいので、統合参謀本部としては、これを一つの戦域だけで使うのは、経済的ではないと考え、新しい爆撃機は一人の指揮官のもとで、統合参謀本部の指揮下におくこととした」と説明した。

アーノルドは、第二〇航空軍隷下の第二〇爆撃軍司令官にケネス・ウォルフ准将を起用し、ラベーヌ・サンダース准将が指揮する第五八爆撃航空団を配属した。爆撃航空団は、三六機のB‐29で編成された爆撃飛行群四個、計一四四機で構成されていた。

第20章　太平洋航空戦、一九四四年

ニューギニア航空戦

一九四四年四月、第五航空軍のA-20、B-24、B-25は、P-38の援護のもとホーランジアの日本軍基地を爆撃して大きな損害を与えた。東部ニューギニアには依然多くの日本軍が残存していたが、航空機や重火器は損耗しており、補給も断たれていたため、連合軍に反撃できる状態ではなくなっていた。

四月下旬、オーストラリアのブリスベーンに太平洋戦域の指揮官が集合して作戦会議が開かれた。その席上、上陸作戦を敢行すれば多くの死傷者が予想されるラバウルは、第五航空軍による航空攻撃で無力化することとし、連合軍の主力はダンピール海峡を突破し、北部ソロモンとニューギニア北岸沿いに「飛び石」で侵攻することが決定された。

一九四四年六月、連合軍はサラモアを攻撃したが、日本軍の抵抗は激しく、ウェワクの日本陸軍航空隊からの反撃もあり激しい空中戦が起きた。連合軍は八月に大規模な攻撃を行い、日本軍に致命的な打撃を与えた。八月一七日、第五航空軍はウェワクとブーツにある日本軍の飛行場を奇襲攻撃し、一〇〇機を地上で撃破した。連合軍は九月一六日に東部ニューギニアの日本軍の拠点ラエを占領し、ついで一〇月にはフォン半島のフィンシュハーフェンを占領した。こうして連合軍は、ニューギニア北岸のグンビ、アイタペ、ホーランジア、サルミと転進する日本軍の先を「飛び石」で進み、日本軍の拠点を制圧していった。

ニミッツが指揮する海軍部隊は、一九四三年秋から中部太平洋方面の島嶼に対する攻略を開始した。第一三航空軍、海軍航空隊、海兵隊航空隊は協同で上陸作戦を支援した。アメリカ軍は、一九四三年一一月にギルバード諸島のタラワ、マキン、アパママに上陸し、激戦の後にこれらを占領し、一九四四年二月にはマーシャル諸島のクェゼリン、ルオットを占領した。

ニミッツは、一九四四年二月には西太平洋における日本海軍の根拠地トラック島を二日にわたり空襲した。この空襲で日本機二五〇機を撃破したほか、艦艇、輸送船など五〇隻以上、燃料タンク、倉庫等を破壊した。日本軍は一回の空襲としては前例のない被害を受けた。七月にはマリアナ諸島のサイパン、八月にはテニアン、グアムを占領し、飛行場の建設を開始した。

一九四四年九月、ニューギニア基地の第一三航空軍所属のB-24がニューギニアからボルネオのバリクパパン油田への長距離攻撃を行ったが、この爆撃はヨーロッパのプロエシュティ油田爆撃に匹敵する作戦であり、爆撃飛行群は部隊勲功章を受章している。

レイテ作戦航空戦

一九四四年六月一五日、アーノルドは、一九四一年一二月にフィリピンで壊滅した極東空軍を再編することにし、オーストラリアのブリスベーンで第五航空軍と第一三航空軍を統合して新たな極東空軍を新編し、ケニーを司令官に任命した。

ソロモン諸島、ニューギニア、マリアナ諸島を占領したアメリカ軍は、一九四四年八月からフィリピン攻略を開始した。極東空軍はミンダナオ島周辺の航空基地を攻撃した。

アメリカ軍は、九月にモロタイ島、ペリリュー島、アンガウル島へ上陸した。モロタイ島には極東空軍が展開し、フィリピン全域の日本軍の航空基地、補給所の攻撃を開始した。マリアナ諸島からルソン島南部の日本軍を攻撃した。

日本軍は、レイテ島でアメリカ軍を待ち受けて決戦することを決め、部隊をレイテ島に集結させた。一九四四年一〇月、アメリカ軍はレイテ島に上陸を開始した。日本陸海軍航空隊は、フィリピン方面に集中して攻撃を開始したため、レイテ島をめぐって激しい航空戦がくりひろげられた。一方、アメリカ海軍機動部隊は、南下する日本海軍機動部隊との決戦をめざし、シブヤン海海戦、スリガオ海峡海戦、エンガノ岬沖海戦、サマール沖海戦を戦って日本海軍を撃破した。一一月、レイテ島の飛行場を増設して航空部隊が増強されると、アメリカはレイテ島の航空戦で優勢となった。

レイテ島を制圧したアメリカ軍は、一〇月にミンドロ島に上陸し、三つの飛行場を造成した。ミンドロ島の飛行場からは、ルソン島が戦闘行動半径に含まれていたため、フィリピンに配備されていた日本軍の航空部隊は次々に撃破された。

一九四五年一月、アメリカ軍はルソン島西岸のリンガエン湾に上陸した。ルソン島では日本軍航空部隊の抵抗はほとんど無く、アメリカ軍は三月初めにルソン島を制圧した。

太平洋戦線では、戦闘機部隊に多くの撃墜王が生まれた。リチャード・ボング少佐は四〇機を撃墜してトップ・エースになり、トーマス・マクガイヤ少佐は三八機を撃墜している。

B-29の生産とカンザスの戦い

一九四四年一月までにB-29九七機が完成したが、そのうち飛行可能な機体は六〇機という有様であった。二月に、ジョージア州マリエッタのB-29工場を視察したアーノルドは、技術者を追加派遣するなどの対策を講じた。

三月、アーノルドは、装備部長のベネット・マイヤース准将を連れてカンザス州のスモーキーヒル基地を訪れたが、インドに向けて出発する三月一〇日になっても発進できるB-29が一機もないとの報告を受けて愕然とした。アーノルドは航空技術司令部に乗り込み、「一体、どうなっているんだ。誰がこれを監督しているんだ」、「誰もやらんのなら、俺がやる」と怒鳴りつけた。

アーノルドは、マイヤースを現場指揮官に任命して、製造指揮の一元化をはかった。マイヤースは、航空用各種部品の製造や調達に詳しく、生産管理にはうってつけの人物であった。マイヤースは、早速自ら航空部品製造各社と交渉してB-29の部品の調達に辣腕を振るった。航空部品メーカーは、不足している部品を納入するまで、他の部品の生産は中止するように命令された。

集められた部品は荒れ狂う吹雪の中、カンザス基地の露天の飛行場に並べられたB-29に昼夜を問わず取り付けられた。あまりの労働環境の悪さに作業員がストライキを起こす寸前であったが、マイヤースが労働者の愛国心に訴えてなんとか収まるという一幕もあった。この時のB-29の集中製造は、カンザスの戦いと呼ばれた。

三月下旬に、最初のB-29が完成してインドに出発し、四月一五日には一五〇機がカルカッタ郊外のカラグプルに向かった。B-29の一部は、計画を秘匿するため、わざわざイギリスを経由してインドまで飛行させている。

インドまでの長い飛行で多くの事故が起きたが、その多くは、B-29の最大の欠陥といわれていたエンジンの不調であり、オーバーヒートが多発した。B-29は、まだ完全ではなかったのである。

アーノルドは、B-29の生産指導で神経をすり減らし、一九四四年五月一〇日に三回目の心臓発作に見舞われた。この時の症状は軽かったものの、六月七日にロンドンで開かれる会議に出席するまでのおよそ一ヶ月間、軍務を離れ、静養を余儀なくされた。

第二〇航空軍の初陣

一九四四年四月、第二〇航空軍は一万八〇〇〇キロを飛翔して、ようやく中国の成都に進出した。アーノルドは、五月一日に初爆撃を指示していたが、部隊は準備に手間取った。

第二〇航空軍の初爆撃は、六月五日であり、試験爆撃として九六機がバンコクに向かった。一六機が目標に到達できなかったが、本体はバンコクには無事到達し、鉄道操車場を爆撃した。この時は初めて爆弾投下であったため、命中弾は皆無であった。日本軍戦闘機が迎撃し、高射砲の砲撃があったが、一機も撃墜されなかった。

アーノルドはバンコク空襲に続いて、「中国に対する日本軍の圧力を軽減し、六月中旬に予定されているマリアナ諸島の上陸作戦に呼応するため、日本本土に対する航空攻撃」を命令した。最初の目標は、日本の銑鉄の三三パーセントを生産する日本最大の八幡製鉄所であった。

サイパン島にアメリカ軍が上陸した一九四四年六月一五日深夜、四七機のB-29が北九州の八幡製鉄所を爆撃した。しかし、灯火管制で目視爆撃ができず、同行したアラン・クラーク大佐は、「作戦の結果は惨めだった。八幡地区に落ちた爆弾のうち、目標への命中率はごくわずかで、三〇キロも離れて落ちたものもいくつかあった。レーダー捜査員がレーダー爆撃に慣れていないためだった」と報告している。

日本軍は、一九四四年に入ると、中国や南方に配備していた戦闘機を本土に移送し、防空網を組織した。

関東地区の東部軍は第一〇飛行師団、関西・中京地区の中部軍は第一一飛行師団、九州地区の西部軍は第一二飛行師団がそれぞれの防空を担った。

各飛行師団には、迎撃戦闘機として、二式戦闘機「鍾馗」、三式戦闘機「飛燕」、二式複座戦闘機「屠龍」が配備されていた。この日は、第一二飛行師団飛行第四戦隊の「屠龍」八機が迎え撃ち、B-29を七機撃墜している。日本軍は、墜落した機体から初めてB-29の全貌を知ることになる。

B-29による日本本土初空襲成功の知らせは、アメリカで大々的に報じられ、その扱いは、ノルマンディ上陸作戦に匹敵するほどであった。

マーシャルと共にノルマンディを訪れていたアーノルドは、「超空の要塞による第一撃は、まことに全世界的な航空作戦の開始であり、アメリカは航空戦力としては初めて最大の打撃を与えることができる、威力絶大な爆撃機を持つに至った」という声明を発表した。

気をよくしたアーノルドは、引き続きウォルフに日本本土、そして満州の鞍山にある昭和製鉄所の爆撃を命じた。当時、成都には軍需物資と作戦用資材はまったくなく、燃料、部品、整備資材をアメリカから空輸していた。空輸経路は、カナダ、北アフリカ、インド、ヒマラヤを経由して中国まで至る長大なルートであり、このため補給はしばしば滞り、支障が生じていた。

アーノルドは、「鞍山爆撃は、一〇〇機の大編隊をもって敢行せよ」と命じたが、ウォルフは、五、六〇機が限度と回答した。ウォルフは、補給の不満と作戦の困難性をアーノルドに強い調子で訴えた。責任を果たさず、不満を主張するウォルフに満足しなかったアーノルドは、ウォルフを更迭した。アーノルドは、焦っていた。

第二〇爆撃軍の新司令官カーチス・ルメイ

ウォルフの後任のラベーヌ・サンダース准将は、アーノルドが命じるまま、七月七日に一四機で長崎、佐世保、大村、八幡、七月二六日に六〇機で満州鞍山の昭和製鋼所、八月一〇日に二九機で長崎、そして六〇機でパレンバンの製油所を爆撃したが、いずれも成果を上げることなく終わった。サンダースは、唯一成果があった昭和製鋼所爆撃の例にならい、次の八幡製鉄所への爆撃も、昼間高々高度精密爆撃を行いたいとアーノルドに要望した。

サンダースは八月二〇日、B-29七一機で八幡製鉄所を爆撃したが、待ち構えていた陸軍機八二機と海軍機が激撃して激しい空中戦となった。B-29は一四機を失い、損失率は二三パーセントとなった。八幡製鉄所は一時的に操業停止に追い込まれたが、二日後には復旧している。

日本軍の中国における早期警戒網は有効に機能し、防空戦闘機は健闘したため、多大な努力を費やしたこれらの作戦は失敗に終わった。アーノルドは大きく失望し、サンダースに代わってヨーロッパ戦線で戦功を挙げた、弱冠三八歳のカーチス・ルメイ少将を新司令官に起用することにした。一九四四年八月二九日、ルメイは第二〇爆撃軍司令官に着任した。

アーノルドは、指揮官の作戦飛行を禁じていたが、ルメイは作戦飛行を経験しないと十分な指揮ができないとして、一度だけの条件で空中指揮の許可をとった。九月八日、ルメイはB-29に搭乗して、満州の鞍山にある昭和製鋼所への爆撃に出撃しB-29九八機の指揮をとった。この日、B-29は四機を失ったが、昭和製鋼所は大きな損害を受けて爆撃は成功した。

その後もルメイはインドを拠点に、九州、満州、東南アジアへの爆撃を続けた。一一月五日、第四六八爆撃群のB-29五三機がシンガポールを爆撃したが、一機を喪失し、群司令のジョン・フォールカー大佐が戦死している。

レイテ決戦を目前にした一〇月一四日、Ｂ-29一〇四機による台湾の岡山飛行場を爆撃し、五六〇トンもの爆弾を降り注ぎ、甚大な被害を与えた。

一〇月二五日には、天候に恵まれ、長崎県の大村にある第二一海軍航空廠を精密爆撃した。

一一月一七日、アーノルドはルメイ宛に手紙を書き、シンガポール爆撃で「ジョージ六世乾ドック」を破壊したことを絶賛している。

ソ連、Ｂ-29のデッドコピーを作る

ここで一つの事件が起きた。Ｂ-29ジェネラル・Ｈ・Ｈ・アーノルドスペシャル号をソ連が捕獲し、機体をまるごとコピーして、戦略爆撃機Tu-４を製作したのである。

第五八爆撃航空団第四六八爆撃飛行群隷下の第七九四爆撃飛行隊のＢ-29（機体番号42-６３６５）は、アーノルドが一九四二年にカンザス州のボーイング社ウィチタ工場を視察した際、工場労働者の希望によって命名された機体である。

一九四四年一一月一一日、ジェネラル・Ｈ・Ｈ・アーノルドスペシャル号は、僚機九五機とともに長崎県大村市の第二一海軍航空廠の爆撃に参加したが、被弾して燃料不足となり、成都まで帰還できず、ウラジオストク付近に不時着した。

当時、対独戦のためのレンド・リース法に基づいてＢ-29の提供をアメリカに要請して断られていたスターリンは、日ソ中立条約を理由としてジェネラル・Ｈ・Ｈ・アーノルドスペシャル号を接収し、機長のウェストン・プライス大尉、副操縦士のユージーン・ルーターフォード中尉、航法士のエド・モリソン中

尉以下乗員一一人を抑留した。

アーノルドは、「抑留は敵国の捕虜に対するものであり、決して連合軍将兵に対するものではない。許すことはできないことだ」とソ連を強く非難した。一九四五年一月、乗員は秘密裏に釈放されて、テヘラン経由でアメリカに帰国したが、機体はソ連に没収されたまま返還されなかった。

一九四五年六月、アレクサンドル・ゴロワノフ空軍中将の提案を受けたスターリンは、アンドレイ・ツポレフを長とするツポレフ設計局にB-29の解体調査を命じた。

解体調査はモスクワ中央飛行場で行われ、ジェネラル・H・H・アーノルドスペシャル号は、部品単位まで分解され、分解された一〇万個の部品は綿密に調査し、正確に複製された。

ツポレフは、これらの複製部品とソ連オリジナルの部品でコピー機を設計し、一九四六年夏にB-29のデッドコピー機Tu-4が完成した。B-29のコピーは徹底されており、ソ連ではパイロットの機内での喫煙が禁止されていたにもかかわらず、コクピットに備え付けられた灰皿までもがコピーされたほどであった。

しかし、Tu-4はソ連製のM-25エンジンを搭載したため、航続性能に大きな差があった。Tu-4は、エンジンやプロペラなどの改良がおこなわれ、一九四九年からソ連空軍の戦略爆撃軍で本格的に運用された。

ソ連は、一九五三年から一〇機のTu-4を中国に引き渡した。中国人民解放軍空軍は、Tu-4を導入したことにより戦略爆撃機を保有する空軍となった。

漢口への焼夷弾爆撃

一九四四年一二月、B-29による日本本土爆撃が未だ十分な成果をあげていないことが明白になったため、第一四航空軍司令官シェンノートは、中国の漢口に対する焼夷弾爆撃を具申した。漢口には軍事物資が山積していた。

ルメイは、シェンノートと共同で作戦を立案した。一二月一八日、B-29八四機とB-24三四機で焼夷弾爆撃を実施した。この爆撃は成功し、漢口全域で発生した火災は三日間燃え続け、ドック、倉庫、住宅地帯を焼き尽くした。焼夷弾を集中的に投入したこの爆撃の成功は、ルメイに強い印象を与えた。

ルメイは、その後も九州、台湾、満州、シンガポール、ベトナム、ビルマ、マレー、タイ、中国沿岸部の日本軍の軍事施設、航空基地、港湾、鉄道操車場などを爆撃した。しかし、六か月におよぶ爆撃は、鞍山製鉄所と漢口を除けば見るべき成果はなかった。小規模な爆撃では、工場に大きな損害を与えることができないことも判明した。多くの新技術を採用したB-29には、搭乗員も整備員も未熟であった。機体の初期故障も多発し、とりわけエンジンの不調が顕著であった。

日本陸軍の「一号作戦」とシェンノート

一九四四年四月、日本軍は、「B-29の基地を占領し、中国大陸から日本本土への空襲を予防すること」を目的として「一号作戦（大陸打通作戦）」を発動した。参加兵力は、一〇個師団五一万人、火砲一五〇〇門、戦車八〇〇両で、作戦距離は二四〇〇キロに及ぶ日本陸軍建軍以来最大規模の作戦であった。

この頃、すでに第二〇航空軍は、中国の成都に進出していた。また、第一四航空軍は中国奥地から日本へ鉄鉱石を輸入するルートを攻撃し、日本の鉄鋼産業を窒息状態に陥れていた。

第一四航空軍は、日本軍の補給部隊を攻撃し、橋梁や道路を破壊したものの、中国軍はたちまち総崩れとなり、長沙、衡陽、零陵、桂林、柳州が陥落して基地機能を失っていった。この時期の中国―ビルマ―インド戦域は、太平洋戦域の支作戦との方針から、アメリカからの増援や物資の支援が充分でなく、中国

アメリカ義勇航空隊を視察するアーノルド（左から三人目）とクレア・シエンノート少将（左から二人目）（1945年）

軍と第一四航空軍は、壊滅の危機に瀕することになった。

一〇月、劣勢に陥った戦線を立て直すために、マーシャルはスティルウェル中将を解任し、後任に柔軟で高い調整能力を有し航空作戦にも理解が深いアルバート・ウェデマイヤー中将を任命した。

一九四五年春には、第一四航空軍の勢力は中国空軍と併せて三八個飛行隊まで回復した。しかし日本軍の敗色が濃厚となり、第二次世界大戦も終末段階に至ったため、アーノルドは、第一四航空軍をビルマに展開している第一〇航空軍に統合させることにした。そしてシェンノートのゲリラ戦術に見切りをつけ、近代的な航空作戦を得意とするジョージ・ストラトマイヤー少将を第一〇航空軍司令官に起用した。

第21章　第二一爆撃軍の対日戦略爆撃

マリアナ諸島の占領と第二一爆撃軍の新編

一九四四年七月九日にサイパン島がアメリカ軍の手に落ち、グアム島、テニアン島も八月一〇日までに陥落し、マリアナ諸島はアメリカ軍のものとなった。アーノルドは、マリアナ諸島にB-29の基地を建設するとともに、第二一爆撃軍を新編して、アーノルドの部下で参謀長を務めていたヘイウッド・ハンセル准将を司令官に起用した。一〇月一二日、ハンセルは、サイパン島のイスレイ飛行場に降り立った。

アーノルドは、ハンセルの分析力と想像力を高く評価していた。「マッターホーン計画」の基本を計画したのも、マリアナを日本への爆撃機基地にするよう進言したのもハンセルであった。

アーノルドは、ハンセルに「B-29の狙いは、大量の爆弾をはるか遠くまで運んで爆撃することである。しかし、現時点この能力を生かした爆撃が実行できていない。わが軍で最も優れた部隊の一つを君に任せる。B-29で日本を打ちのめすと信じている」という書簡を送っている。

日本は、一九四四年以降、軍需産業を航空機に集中させ、新たに軍需省を設立して年間四万機の航空機を生産する計画をたてていた。アーノルドがハンセルに示した攻撃目標は、第一目標群は航空機生産工場、第二目標群は港湾施設、第三目標群は都市であった。

日本本土爆撃は、日本の航空機産業を主目標としたため、昼間高々度精密爆撃を前提としており、そして、ハンセルも強く支持していた。ハンセルは、戦術学校時代から昼間高々度精密爆撃戦略の開発に深く関与していたからである。

一一月一一日、アーノルドは、ハンセルに最初の爆撃指令を発令した。それは、東京郊外にあり、日本軍の戦闘機用エンジンの四〇パーセントを生産している中島飛行機武蔵野製作所であった。一一月一六日の出撃は、悪天候で一週間延期となった。しかし、ワシントンにいたアーノルドは、苛立ちで煮えくりかえっていた。

陸軍航空軍司令官として執務中のアーノルド（1943年）

一一月二四日、東京を標的とする「サンアントニオ作戦」の皮切りとして、一一一機のB-29が武蔵製作所を爆撃した。しかし、上空は雲に覆われ、目標を確認して投弾できたのはわずかであった。撃墜されたB-29は二機で損失は軽微であったため、ハンセルは、昼間高々度精密爆撃の有効性を確信した。

爆撃の成果は、褒められたものではなかったが、アーノルドは、東京初爆撃を高く評価し、ホワイトハウスにルーズベルト大統領を訪ね、今回の作戦について、手短に報告した。また、ハンセルに「君は我々の誇りだ。かわらぬ幸運を祈るとともに、神の祝福があらんことを」と無電を打つことも忘れなかった。アメリカ全土で、各新聞が、ドゥーリットル以来の東京空襲を大きく伝えた。

一一月二七日にも爆撃したが、成果はほとんどなかった。日本本土爆撃の最大の障害は、高度一万メートル付近にある時速二〇〇キロのジェット気流であった。一旦ジェット気流に乗るとB-29の対地速度は時速七〇〇キロになり、ノルデン爆撃照準機はジャイロに誤差が生じて照準不能になった。また、誤って目標の風下に出れば回復は不可能だった。さらに、冬季の北日本と日本海側は、密雲に覆われており、目視照準は困難を極めた。雲上からのレーダー照準は不安定であり、爆撃が薄暮から夜間帯になればまったくお手上げとなった。

一一月二九日と三〇日には、東京の工業地帯への最初の夜間焼夷弾爆撃「ブルックリン1」が計画された。参加したB-29は、二九機と小規模であった。「ブルックリン1」では、B-29各機の爆弾搭載量は二・五トンで、その八〇パーセントはM-69焼夷弾が占め、二〇パーセントは五〇〇ポンド収束型破片爆弾であった。

一二月一三日、七一機のB-29が名古屋の三菱重工業名古屋発動機製作所を爆撃したが、この爆撃は成功し、工場の機能は一時停止した。ハンセルは、爆撃成功の充実感にようやく浸れることができた。

二月一五日、ハンセルはアーノルドに「これまで風下から爆撃していたが、この名古屋空爆では風上からの爆撃に変更し、そのことで命中精度がいっきに上がった」と報告している。

一九四五年一月九日には、B-29七二機で再び中島飛行機武蔵製作所を爆撃したが、強風の問題を解決できず、成果があがらなかった。日本本土爆撃は、気象条件との戦いであったが、昼間高々度精密爆撃の有効性を確信していたハンセルは、戦術を変えなかった。一月一九日には、八〇機のB-29で川崎航空機明石工場を爆撃したが、この爆撃は成功した。

ルメイ、第二一爆撃軍司令官に就任する

アーノルドは、マリアナの基地整備が終わり、マリアナからの航空作戦が軌道に乗ってきたため、ハンセルを更迭して第二〇爆撃軍を第二一爆撃軍に統合し、すべてのB-29をマリアナに移してルメイに指揮させることにした。アーノルドは、ノースタッド参謀長をマリアナに送り、ハンセルの罷免を直接伝えさせた。こうして、第二〇爆撃軍による「マッターホーン計画」は、成都から四九回出撃し、日本本土を一回爆撃して終わった。

アーノルドは、ルメイを第二一爆撃軍司令官に任命するに際して、「B-29なら、どのような航空機も成し遂げられなかったすばらしい爆撃を遂行できると思っていたが、貴官こそがそれを実証できる人間だ」と手紙で励まし、大きな期待を寄せていることを示した。

一九四五年一月一七日、アーノルドが三日間オフィスに出勤しなかったため、首席航空医官が健康状態を確認すべく、アーノルドの居室に赴いた。その際、アーノルドは、その医官の入室を頑なに拒んだ。その後、アーノルドは、再びフロリダへ向かい、コーラル・ゲイブルズで二四時間体制の治療と看護を受けられる環境の下で九日間静養した後復帰した。

入室を拒まれた医官は、アーノルドがフロリダへ発った後、アーノルドの個人的な友人である将官の一人に協力を求め、その将官に質問することでようやくアーノルドの健康状態を確認することができた。アーノルドは、四回目の心臓発作に襲われていたのである。

アーノルドは、フロリダで静養した後、再び軍務に復帰することを許されたが、健康状態は芳しくなく、以前のような激務に耐えられるような状態ではなかった。しかし、その後もアーノルドは、ヨーロッパの部隊を視察するなど、精力的に働いた。

一月一九日、ハンセルによる最後の爆撃が行われた。五二機のＢ－28で神戸の川崎航空機明石工場を爆撃し、一五〇トンの通常爆弾を投下して三九パーセントを破壊した。皮肉なことに、この爆撃は大成功であった。

この頃、ハンセルの辞任を受けて、アメリカ国内では、Ｂ－29の作戦がうまくいっていないとの評判がたっていた。そして、ルメイは、アーノルドをはじめ、多くの将官や国民がＢ－29作戦に並々ならぬ関心を持っていることをひしひしと感じていた。

一九四五年一月二〇日、グアムに着任したルメイは、ただちに第二一爆撃軍の状況が最悪であることに気が付いた。あがらない戦果と大きな被害に、隊員の士気はすっかり低迷していた。それは、ハンセルの後遺症であった。

新生第二一爆撃軍は、成都から移動した第五八爆撃航空団（ロジャー・ラミー准将）に加え、第七三爆撃航空団（エメオット・オドンネル准将）、第三一三爆撃航空団（ジョン・デービス准将）、第三一四爆撃航空団（トーマス・パワー准将）、第三一五爆撃航空団（フランク・アームストロング准将）で構成されていた。

ルメイにとって悪夢のような爆撃は、二月一九日にＢ－29一五二機、三月四日にＢ－29一九四機で行った中島飛行機武蔵製作所の爆撃であった。この爆撃の命中弾は皆無であり、かわりに合計七機のＢ－29を失った。

度重なる精密爆撃の失敗で焦燥感にさいなまれていたのは、ルメイだけではなかった。一五回出撃した将兵も、大きな期待をかけていたアーノルドも同様であった。

硫黄島の侵攻

第二一爆撃軍は、マリアナ諸島に展開して以来、既に一五〇機のB-29を失っていたが、その大部分はエンジンや機体の故障で墜落したものであった。海洋への不時着水に備えて、途中航路に救難用の潜水艦が配備されることもあったが、ほとんど効果はなかった。

アーノルドもルメイもマリアナ諸島から日本本土の間にB-29の緊急着陸基地が必要と考えていた。第五艦隊司令官レイモンド・スプルーアンス中将も、硫黄島が東京、九州、沖縄を結ぶ円弧の中心に位置する要衝であるともに、平滑地の多い硫黄島は航空基地として利用価値が高いと考え、硫黄島の攻略を主張していた。

一九四五年二月一五日、硫黄島侵攻作戦が開始された。硫黄島の攻略は、陸軍航空軍のために海軍が戦った珍しい戦闘であった。硫黄島の北部では戦闘が継続している最中の三月四日には、被弾したB-29が初めて緊急着陸している。アメリカ軍は三月一五日に硫黄島を占領した。

アーノルドは、B-29を護衛するためにリトルフレンドのP-51を装備した第七戦闘軍を硫黄島に配備し、四月七日からB-29の援護任務に就かせた。航続性能の良いP-51はB-29の爆撃行の援護にうってつけの戦闘機であった。また、空戦性能がよかったので、日本の新鋭戦闘機である、海軍の紫電改や陸軍の三式戦闘機「飛燕」、四式戦闘機「疾風」と渡り合って負けることはなかった。

日本の防空組織

日本の防空は、各軍管区にある防衛司令部が担当した。防空部隊は、防空警戒と情報伝達を担当する航空情報隊、防空任務を担当する戦闘機部隊と高射砲部隊で構成されていた。

航空情報隊は、対空監視レーダーの電波警戒機甲型と電波警戒機乙型を装備しており、侵攻する敵機はまず電波警戒機乙型で探知し、目標までの到達時間を推定する。ついで、都市近傍の電波警戒機甲型と電波警戒機乙型でより正確な到達時間を予測し、各地の防空監視哨から通報された敵編隊の位置、侵攻方向、機数等の情報を総合的に判断して、戦闘機部隊と高射砲部隊に通報した。

この防空組織には問題があった。マリアナ諸島から出撃したB-29は、八丈島の監視哨で発見できたが、八丈島から東京まで六〇分で到達することから、対応時間に余裕がなく、後手にまわることが多かった。また、日本本土まで到着したB-29の編隊が、その後、東京方面に向かうのか、京阪神方面に向かうのかも容易に判断できなかった。

海軍にも防空部隊があったが、横須賀や厚木等の海軍施設の拠点防空だったため、海軍のレーダーで敵機を発見しても陸軍への通報は遅れることが多く、足並みがそろっていなかった。

防空戦闘機にも問題があった。高空でエンジンの出力を維持するには、排気タービン付過給器が必要であったが、日本の工業力では高性能の排気タービン付過給器を実用化できなかった。そのため、日本軍の防空戦闘機は、高度八〇〇〇メートルになればエンジン出力が低下して、浮いているのがやっという状態であった。また、夜間戦闘に必要な機上レーダーの開発も遅れていた。

ジェット気流を避けて、高度八〇〇〇メートルで侵攻するB-29に対応できる高射砲として数がそろっていたのは、八八式七・五センチ高射砲（三〇七門）、九九式八・八センチ高射砲（三二八門）であった。別に三式一二センチ高射砲（八四門）、四式七・五センチ野戦高射砲（二〇門）、五式一五センチ高射砲（二門）もあったが、数が少なかった。高射砲同様に問題だったのは、五〇〇〇メートル以下をカバーする対空機関砲が少なく、低高度の防空能力が弱かったことであった。

M-69焼夷弾の開発

ルーズベルトが設立した国家防衛調査委員会のスタンダード石油副社長ラッセルが主務者となって開発した焼夷弾が、M-69焼夷弾であった。正六角形のM-69は三八発を束ねて集束型焼夷弾E-46に成形した。一機のB-29にはM-69が最大五二〇発搭載できた。ラッセルは、「軍需工場を爆撃する精密爆撃よりも焼夷弾による市街地絨毯爆撃を行うべきだ」と主張していた。

投下されたE-46は、設定された高度でばらけた。M-69が建造物の屋根を突き破ると時限導火線が発火してナパームに点火する。燃え上がったナパームは、摂氏一三〇〇度の火焔を三〇メートル四方に飛散させて周辺の可燃物を燃焼させた。消防の専門家でも着火したナパームの火焔を消火することは困難であった。

国家防衛調査委員会は、M-69の性能を確認するために日本の家屋を模した町を砂漠に構築して実験を行い、次のように指摘した。

・日本の住宅は、ドイツの住宅より燃焼しやすい。
・日本の住宅は、過密状態にあるため大火災が発生しやすい。
・爆撃目標の工業地帯や軍事施設は、密集した住宅地域に囲まれている。
・日本の軍需工場は、大都市に集中している。

そして、人口が密集している一〇大都市（東京、川崎、横浜、名古屋、大阪、神戸、広島、八幡、福岡、長崎）を目標とし、まず可燃性の高い木造住宅地域に焼夷弾を集中的に投下し、それにより周辺の工場や軍事施設を延焼させる「都市の焼滅による軍需産業の破壊」が効果的であることを指摘した。さらに、大都市が集中している太平洋沿岸は、一二月から五月までが火災の延焼が期待でき、三月から四月が最適であると指摘した。

焼夷弾爆撃の決定

一九四三年二月、アーノルドが諮問していた作戦分析委員会は、「極東における爆撃目標とすべき産業地域」を報告した。この報告では、一九九に及ぶ日本の爆撃目標を選定し、主要な目標の破壊が日本経済に与える重要性を分析し、「主要航空機製造工場」、「焼夷弾による都市爆撃」、「機雷による日本領海の封鎖」を勧告した。さらに、爆撃効果を高めるため、一二月から五月の間に大都市を同時に爆撃すれば「日本は抗しがたい苦難に陥り、もはや如何なる手段によっても再建は困難となるであろう」と結論づけていた。重要な点は「日本では、下請けの零細企業や家内工場は住宅で行われている。これらの住宅は単なる住居ではなく軍需生産の場でもある」との見解を示したことであった。

作戦分析委員会の追加報告書では、戦略情報局長ウィリアム・マクガバンは、戦略爆撃の心理的側を重視し、日本の子供たちは火事に対する恐怖を刷り込まれているので、焼夷弾はパニックと結びつきやすいことに言及した。そして、地域爆撃を全面的に支持し、「地獄を引き起こせ。国中の日本人に参ったと言わせろ」と書いた。アーノルドはこの追加報告書も採用した。

都市に対する焼夷弾爆撃は、アメリカ国民及び陸軍航空軍を支配している伝統的価値観に反するものであった。それまでアメリカは、国家の理念として無差別都市爆撃は実施しないと公言してきたからである。

一九四五年二月の時点で、イタリアはすでに降伏し、ドイツとの戦争の終末段階にあり、日本だけが抵抗していた。そして、マキン、タラワ、ペリリュー、アンガウル、硫黄島の攻防戦でみせた日本軍の頑強な抵抗ぶりから、来るべき日本本土上陸作戦では、多数のアメリカ兵が死傷すると予想された。さらに、フィリピンの攻略をほぼ完了したマッカーサーの陸軍は沖縄侵攻の準備に入り、ニミッツの海軍機動部隊も日本本土の空襲を始めていた。

アーノルドは、陸軍航空軍で何とか日本を早期降伏に導かなければならないと念じていた。そして、手加減することなく徹底的に日本を破壊すると、アーノルドが期待した指揮官がルメイであった。ルメイも「都市そのものを灰燼に帰すことが日本人の戦意喪失に結びつく。そのためには、困難な高々度からの精密爆撃に拘泥することはない」と考えていた。その背景には、漢口での焼夷弾爆撃の成功体験があった。漢口市街は、日本の市街とよく似ていたのである。統合参謀本部は日本に対する焼夷弾爆撃を決断した。二月一九日、アーノルドはルメイに焼夷弾爆撃を命じた。

第22章　ヨーロッパ航空戦、一九四四年から一九四五年

戦略空軍の戦闘

ドイツ空軍は、アルベルト・シュペーア軍需大臣の指導で航空機生産工場の疎開が進んでおり、一九四三年末の時点で前年度の二倍の航空機を生産していた。またこの段階で、戦闘機パイロットの技量も高い水準にあった。

一九四三年一〇月以降、アメリカでは爆撃機の生産が軌道に乗り、B-17は月産四三〇機、B-24は月産六五〇機を生産した。一九四四年一月、アーノルドはヨーロッパ戦域で膨れ上がった航空部隊の再編に乗り出した。まず、イギリスの第八航空軍とイタリアの第一五航空軍を統合してヨーロッパ戦域戦略空軍を新設し、スパーツを司令官に任命した。

イギリスの第九航空軍、エジプトの第一二航空軍、イギリスのバルカン方面、北アフリカ、地中海の各航空隊、自由フランス空軍の全てを統合して地中海戦域航空軍を新設し、エイカーを司令官に任命した。エイカーはこの人事についてアーノルドに直接抗議したが、受け入れられなかった。後任の第八航空軍司令官にはドゥーリットル中将が起用された。

ドゥーリットルは、被弾に強く、大損害を被っても生還するチャンスがあるB-17こそ、ドイツ軍の優

れた対空火器や戦闘機を相手にするヨーロッパ戦域向けの機体と見ていた。逆に、B-17よりも爆弾搭載量が多く、航続距離も長い反面、被弾に弱いB-24は、洋上長距離飛行の機会が多い地中海戦域や太平洋戦域向けの機体と判断していた。

ドゥーリットルは、第八航空軍司令官に就任するとすぐに、隷下のB-24をB-17に換装した。この措置は、「空飛ぶ棺桶」や「搭乗員一掃機」という有り難くない渾名で呼ばれていたB-24の搭乗員たちから歓迎された。

一九四四年に入って一回に出撃できる爆撃機は平均六〇〇機から七〇〇機となった。二月二〇日に発動された、第一五航空軍との協同作戦「アーギュメント」の初日には、実に一〇〇〇機を超える爆撃機が出撃した。

二五日までの一週間は、「ビッグウィーク」と称され、ロストック、ゴータ、シュヴァインフルト、シュツッツガルト、アウグスブルク、フェルト、レーゲンスブルグを爆撃した。

「ビッグウィーク」期間中の出撃回数は五回で、三〇〇〇トンの爆弾や焼夷弾を投下した。爆撃機の出撃機数は、第八航空軍約三三〇〇機、第一五航空軍約五〇〇機、合計約三八〇〇機であった。一方、損害は二二六機で、喪失率は約六パーセントに留まったが、これはP-51の援護のおかげあった。「ビッグウィーク」期間中に各航空軍から出撃した護衛戦闘機は、延べ約三七〇〇機であったが、喪失機はわずか二八機にすぎなかった。

ベルリン爆撃

連合軍将兵たちは、ドイツの首都ベルリンを、その頭文字に因んで「ビッグB」の愛称で呼んでいた。

一九四四年三月六日、ドゥリットルは、「ビッグB」に対する初めての爆撃作戦を実施し、六七二機が千年帝国の永遠の都ベルリンに爆弾の雨を降らせた。だが、この日は、ドイツ空軍の迎撃も激烈で、爆撃機六九機と護衛戦闘機一一機が失われた。

二日後の三月八日に行われた「ビッグB」爆撃では、五三九機の爆撃機を八九一機の戦闘機が護衛したため、ドイツ空軍が逆に大きな損害を被っている。

三月二二日、七五〇機の爆撃機で再びベルリンを爆撃し、一四三〇トンの爆弾や焼夷弾を投下した。P-51の効果は絶大であり、爆撃機の損害は一二機であった。P-51の配備以降、ドイツの空では戦略空軍の優位は決定的になった。

ドイツ空軍総司令官ヘルマン・ゲーリングは、三月二二日の戦闘について、「ベルリン上空をP-51の編隊が飛ぶのを見た時、この戦争は負けると観念した」と述べている。

ベルリンには、初爆撃以来、四年半の間でのべ九〇〇〇機で二四一回爆撃し、四万五五〇〇トンの爆弾と焼夷弾を投下した。

一九四四年三月には、アメリカ国内で月間九〇〇〇機、年間一一万機の航空機が生産されるようになり、戦略空軍は、一回の作戦に一〇〇〇機の爆撃機を投入し、投下する爆弾や焼夷弾も一〇〇〇トンを超えた。

この頃、第八航空軍は、ヨーロッパ上空の航空優勢を獲得しつつあり、「マイティ・エイス（無敵の第八航空軍）」という言葉がアメリカやイギリスのマスコミに踊るようになった。

また、ジェット戦闘機は最大の脅威となりつつあったので、第一五航空軍は、七月にフリードリヒスハーフェンのジェット戦闘機工場を集中的に爆撃し、九五〇機を破壊している。

この間、激しい戦闘で、とりわけ対弾性の低いB-24の被害が増加した。例えば、B-24を装備した第四九二爆撃飛行群は、一九四四年五月から八月までに六六回出撃し、七二機のうち実に五三機を失うほどの大きな被害を受けた。

一方、ドイツは航空機生産に必死の努力を傾注していた。一九四四年六月には、一年前の約二倍の二一七七機の戦闘機を生産し、九月には月間三〇〇〇機以上を生産した。しかし、この頃になると、ドイツ空軍自体が占領地域の空はもちろん、祖国の空すら守れないほど弱体化していた。その原因は、度重なる連合軍の航空攻勢で多くの熟練搭乗員を失い、その補充が十分でなかったこと、そして戦略爆撃で燃料生産施設が破壊され航空燃料が欠乏したことであった。

皮肉なことに、工場の疎開が順調に運んだおかげで航空機の生産に滞りはなかったが、搭乗員がおらず燃料もなかったので、せっかくの新造機が「宝の持ち腐れ」となっていた。

一九四四年の夏には、第八航空軍の爆撃機の一回の出撃機数は一〇〇〇機となり、リトルフレンズも一〇〇〇機近い機数が出撃した。その光景は、文字通り空が航空機で埋め尽くされたかのような様相であった。

ノルマンディ上陸作戦

イギリスに移動した第九航空軍は、一九四四年五月までに五〇〇〇機のP-38、P-47、P-51、B-25、B-26、C-47を装備し、兵員は二〇万人を超えたので、ドイツの航空産業に対する「ポイントブランク作戦」とドイツのV兵器の基地を破壊する「クロスボウ作戦」を行った。

一九四四年になり、連合軍のヨーロッパ反攻が現実の日程に上がってくると、陸上作戦を支援する戦術攻撃にも爆撃機部隊が動員されるようになった。三月、米英陸軍首脳の間で爆撃機の目標を戦術目標に振り替えることが合意された。

六月六日、連合軍はヨーロッパ反攻作戦「オーバーロード」を開始した。「オーバーロード」は、ノルマンディ上陸作戦と空挺作戦で構成されており、六日だけで一五万人、全体で二〇〇万人の将兵がドーバー海峡を渡ってノルマンディ海岸に侵攻した、歴史上最大規模の上陸作戦であった。

第八航空軍は、オマハ海岸に上陸した部隊の支援にB-17とB-24一〇八三機が参加し、二九四四トンの爆弾を投下した。ユタ海岸には二七八機が五五〇トンの爆弾を投下した。

ノルマンジー上陸作戦直後のオマハビーチで握手するオマー・ブラッドレー中将（左）とマーシャル（中）、アーノルド（右）（1944年）

第九航空軍のB-25、B-26は、五月一日から六月六日まで三五〇〇〇回以上出撃し、ドイツ軍の航空基地、早期警戒レーダー網、鉄道網を破壊した。P-38は上陸部隊のエア・カバーの任務についた。また、一二〇七機のC-47が二〇〇〇回出撃して、一一一八機のグライダーとイギリスから受領したグライダー三〇一機を牽引して空挺隊員を輸送した。

六月一六日に第九航空軍のP-47が初めてフランスの前進飛行場に展開した。第九航空軍は、地上部隊と密接に連携するため地上部隊の進軍に伴って頻繁に移動した。第九航空軍の主力は、八月上旬までにフランスに移動しアメリカ第一二軍集団の隷下に入った。

ノルマンディ上陸作戦が一息ついた六月下旬、アーノルドは、マーシャルとともに、ノルマンディ海岸のオマハ・ビーチを訪れ、オマー・ブラッドレー中将と航空支援について意見交換した。ブラッドレー中将は、ノルマンディ上陸作戦における陸軍航空軍の航空支援を高く評価しており、感謝の意を伝えた。

リチャード・ニュージェント准将が指揮する第一四戦術支援群は、九月一五日にフランスで活動を開始し、戦術航空作戦を行う第九航空軍の作戦を支援した。こうして第九航空軍の戦闘機部隊は、航続距離を心配することなく、イギリス本土から出撃する爆撃機を援護ができるようになった。

連合軍は、ドイツ軍の激しい抵抗に遭いながら八月二五日にはパリを解放し、九月一五日にはドイツ国境を突破した。陸軍航空軍は、八月には四〇〇機の輸送機で五〇〇〇人の空挺隊員をフリジュに降下させた「カバード作戦」、九月にはグライダーと輸送機によって九〇〇〇人の空挺隊員を降下させた「ダブ作戦」を支援している。

フランティック作戦

一九四三年一一月のテヘラン会談で、ルーズベルト大統領はスターリンに対し、イギリスと南イタリアから出撃してドイツの目標を爆撃した後にソ連の基地に着陸し、再武装して復路で再びドイツを爆撃してイギリスとイタリアに帰還するシャトル爆撃を提案した。スターリンは基地の使用と支援を認めたため、「フランティック作戦」が始まった。

第八航空軍のB-17と第一五航空軍のB-24は、ポルタバとミルゴロドを使用し、護衛戦闘機のP-51とP-38はピリアティンを使用した。アーノルドは、アルフレッド・ケスラー少将をポルタバに派遣した。

一九四四年六月二日、七〇機のB-51に護衛された三〇機のB-17が最初のシャトル爆撃を行った。その後、九月までに合計七回のシャトル爆撃を行ったが、ソ連はアーノルドが要望した防空火器と夜間戦闘機を配備しなかったため、ドイツ空軍の空襲を受けて大きな被害を被った。また、アメリカ軍機に対するソ連軍の誤射も頻発した。

「フランティック作戦」は大きく報道された。実際にはソ連軍が非協力的であったため、米ソの友好を目指して大きな期待から始まった「フランティック作戦」は、最終的に戦後の冷戦を予感させるような米ソ間の相互不信を生んで終わった。

ドレスデン大空襲

一九四五年初頭、ドイツ軍は東西から侵攻する連合軍に対抗していた。ドイツ上空の制空権はすでに連合軍の手にあり、人口一〇万人以上の都市の八〇パーセントが爆撃を受けていた。また、激しい空中戦闘でドイツ空軍のベテラン・パイロットが消耗したため、ドイツの防空能力は急激に弱体化していた。連合国空軍の爆撃を受けていないわずかな例外が、人口六〇万人のドレスデンであった。エルベ河沿いにあるザクセン王国の首都ドレスデンは、宮殿、美術館等の歴史的な建築が多く残る古都であった。

一月、東部戦線のソ連軍は攻勢を開始しシレジアに侵入した。ソ連軍に追われた東プロシア、ポーランド、シレジアのドイツ系住民は、避難民となってドレスデンに集まってきており、その数は三〇万人以上と推定された。

ドレスデンには、爆撃目標となる軍需工場がなかったため、連合軍の爆撃目標リストからは外されていたが、ソ連軍の攻勢に呼応するという政治的理由から爆撃が決定された。ドレスデン爆撃は米英両空軍の共同作戦となり、当初イギリス爆撃機軍団による夜間爆撃の後、第八航空軍による昼間爆撃で戦果を拡大するという方針が決定された。

市街地に爆弾と焼夷弾を投下した場合、狭い地域に多数の火災が発生し、激しい火炎旋風（ファイヤ・ストーム）が巻き起こり、その高熱で地下壕に待避している避難民も焼死した。この時ハリスは、ハンブルク爆撃の戦訓を生かし、三時間の時間差を設けて、ドレスデンの消防隊が消火活動を行っている最中に再度爆撃する二段爆撃を実施した。

二月一三日夕刻、まずイギリス爆撃軍団のアブロ・ランカスターとハイドレページ・ハリファックス二四五機が出撃した。爆撃は奇襲となり、旧市街に集中的に一三四〇トンの爆弾と焼夷弾を投下した。そして、計画どおり三時間後に爆撃機五二九機が二九一〇トンの爆弾と焼夷弾を投下した。

一四日正午すぎに、大混乱に陥っていたドレスデンに第八航空軍のB-17とB-24三一一機が来襲して七八〇トンの爆弾と焼夷弾を投下した。この連続爆撃による米英爆撃機の未帰還機は八機、死傷者は八〇名であった。

ドレスデン市の中心地の東西二キロ、南北一キロの地域に合計五〇〇〇トンの爆弾と焼夷弾が投下され、由緒ある歴史的な建築物の多くは破壊された。この爆撃でドレスデンは廃墟となり、ドイツの死者は約六万人であった。

ドレスデン爆撃について、新聞は、「これを機に、今後、陸軍航空軍は、一般市民も爆撃対象とするのか」という疑問を提起した。アメリカがイギリスの戦略に引きずり込まれたと広まったので、アーノルドは、スパーツに「ドレスデンは、軍事的意味が存在していた。だが、一般市民は、軍事目標とすべきではない」と苦しい言い訳をさせている。

二月二二日、スティムソン陸軍長官は、「我が国の政策は、敵国民とはいえ、彼らを爆撃の恐怖下に追いやることとは認めておらず、ドレスデンや他の都市の交通機関への空爆は、補給線を断つという軍事的意義が存在したのである」と重ねて釈明した。

フロリダで療養生活をしていたアーノルドは、ドレスデン爆撃の報告書の余白に「手加減する必要はない。戦争とはもとより破壊的で、非人間的かつ無慈悲なものだ」と本音を書き残している。

ドイツの新型戦闘機の開発

一九四四年に入ると、連合軍の爆撃機を護衛する援護戦闘機は、質量ともに充実してきており、また戦術も改良されて、防御スクリーンを構成し、ドイツ戦闘機の接敵が困難になってきた。ドイツ空軍は、より高性能の戦闘機の開発を推進した。

ドイツ空軍の主力戦闘機として活躍したフォッケウルフ社のFw１９０は、高度六〇〇〇メートルを超えると急速にエンジン出力が低下した。そのため、エンジンを空冷式から液冷に換装し、高々度性能を改善させたFw１９０Dドーラを完成させた。しかし、Fw１９０Dは、連合軍の新鋭機に十分対抗できるものの、排気タービン過給器も与圧キャビンも装備しておらず、本格的な高々度戦闘機とはいえなかった。

フォッケウルフ社では、更なる改良型を計画し、本格的な高々度戦闘機Ta-１５２を完成させた。しかし、Ta-１５２は、開発の遅れから生産数は少数にとどまり、実戦にも投入されたが戦局には寄与しなかった。

ドイツは、アメリカに比べてジェット機と後退翼の研究が進んでおり、一九三九年にハインケル社が開発したHe１７８戦闘機が世界で初めて飛行に成功した。世界で初めて実用化されて実戦配備されたジェット戦闘機は、メッサーシュミットMe２６２シュワァルベであった。

一九四三年五月にMe２６２に搭乗したエースパイロットのアドルフ・ガーランド少将は、これまでの戦闘機になかった強力な推進力を持つMe２６２を「天使が後押ししているようだ」と評している。

Me２６２の高速性能に注目したヒトラーは、「電撃爆撃機が誕生した！」と発言して、高速戦闘爆撃型のMe２６２シュトゥルムフォーゲルを生産するよう命令した。ヒトラーは、連合軍の大規模爆撃がドイツ各地に被害を与え、それらへの報復とヨーロッパ大陸への侵攻に備えて集結していた連合軍への攻撃を考えていた。しかし、これはMe２６２の高々度での優位性を無視した命令であった。これにより、Me２６２は戦闘機としての実戦投入が遅れ、ドイツ空軍にとって取り返しのつかない過ちとなった。

一九四五年一月、ガーランドは、Me２６２を装備した第四四戦闘航空団司令となり、最優秀の戦闘機パイロットを集めて防空任務についた。Me２６２は、速度性能を生かした一撃離脱戦術を得意としたが、連合国の航空優勢は圧倒的であり、Me２６２の機数も合計で一四三〇機と少なかったため、戦勢を挽回するような大きな成果を挙げることはできなかった。

また、ドイツは、航空機史上唯一のロケット推進戦闘機メッサーシュミットMe１６３コメートも開発している。Me１６３は、一九三六年六月に初飛行し、総計で四〇〇機生産された。

連合軍は、当初、Me１６３の驚異的な上昇力と高速性能に驚愕したものの、航続距離が極端に短い事が判明したことから、Me１６３が配備された飛行場を避けて通るようになった。また、ロケット・エンジンの信頼性も低く、爆発や故障による不時着や墜落が続発した。

Me１６３は、エンジンの燃焼時間が短いため一度攻撃が失敗すると再攻撃は困難であり、燃料を使い切った後のMe１６３は、加速も上昇もできない単なるグライダーになるため、急降下で振り切れる高々高度滑空中はともかく、一旦着陸態勢に入ると連合軍戦闘機の餌食となった。

P‐80ジェット戦闘機の開発

一九四三年になるとドイツやイギリスでジェット・エンジンを搭載した戦闘機を開発中のニュースが入ってきた。ドイツでもジェット戦闘機の開発が進んでいた。アーノルドは、一九四三年六月にロッキード社にジェット戦闘機の開発を命じた。

ロッキード社の主任技師クラレンス・ジョンソンは、僅か一八三日後の一九四四年一月に遠心式ターボジェット・エンジンを搭載したXP‐80A戦闘機を完成させた。XP‐80Aは、イギリスが開発したバンパイヤ戦闘機に続く実用単発ジェット戦闘機として大きな期待が寄せられていた。

実用化されたP‐80は、一九四五年二月から陸軍航空軍に納入が始まったが、飛行訓練が始まったばかりの五月に対独戦が終結し、さらに八月には対日戦も終結したため、第二次世界大戦中での実戦参加はなかった。

エルベ特別攻撃隊の奮闘

ドイツにも必死の空対空体当たり攻撃があった。一九四五年に入るとドイツの継戦能力と国民の士気は、低下の一途をたどっていた。この厳しい戦況を打破するため、ドイツ空軍のハヨ・ヘルマン大佐は、日本海軍が編成した神風特別攻撃隊をヒントに、戦闘機による体当たり攻撃を着想した。

ヘルマン大佐の提案を聞いた空軍総司令官ゲーリング元帥は、当初、自殺行為としか思えず、「(自滅を前提とするのは)ゲルマン的な戦い方ではない」と否定的であった。しかしヘルマン大佐は、「体当たり攻撃で爆撃の足を止めて時間を稼ぎ、ジェット機の生産を確保したい」と主張し、ゲーリング元帥もこれを受け入れた。

ヒトラーは、作戦の承認に際して、「(体当たり攻撃は) 命令に基づくものではなく、あくまで自由意志で行われるべきである」のと条件を付けている。

一九四五年三月、シュテンダル航空基地に二五〇名のパイロットが集められた。搭乗する戦闘機は、高空の戦闘に向いたメッサーシュミットBf１０９Gである。この部隊は、エルベ特別攻撃隊と命名された。

四月七日、アメリカ陸軍航空軍の爆撃機約一三〇〇機、援護戦闘機約九〇〇機の大編隊がドイツ北部を空襲した。これに対し、シュテンダル基地とカルデレーゲン基地から、一八三機が出撃した。そして、地上からは、無線で国家や軍歌、激励のメッセージを送信した。

しかし、ヘルマン大佐が意図したより小規模であったため、実際の迎撃効果はほとんどなく、アメリカ軍の被害は撃墜が八機で、損傷は一五機であった。逆にドイツ軍の損害は五九機であった。ドイツ空軍初の空対空体当たり攻撃は、勇壮であったが、完全な失敗に終わり、以後、同様の作戦が実行されることはなかった。

ドイツの降伏

一九四五年二月頃にはドイツ空軍の防衛力はゼロに等しいほど低下していた。パイロットを訓練するに必要な燃料はなく、使用できる滑走路もほとんどなかった。

一九四五年四月七日、第八航空軍は一二七四機でチェコスロバキアのスコダ工場を爆撃し、二五日には五八九機でザルツブルグを爆撃した。この爆撃を最後に陸軍航空軍の対独戦略爆撃は終了した。東西から進攻した連合軍がドイツ軍を撃破してベルリンを占領し、一九四五年五月八日にドイツは降伏した。

アーノルドは、イタリアに本拠を置いていた第四五六爆撃飛行群を訪問していた際にドイツ降伏の知らせを聞いた。

B-17は、一九四二年八月から終戦までに二一万回出撃し四八万トンの爆弾や焼夷弾を投下した。B-24は、一九四三年九月から終戦までに八五〇〇〇回出撃し二一万トンの爆弾や焼夷弾を投下した。ヨーロッパ航空戦で陸軍航空軍が失った爆撃機は九九四九機、戦闘機は八四二〇機、戦死者は五四七〇〇人、負傷者は一七九〇〇人、捕虜は四二〇〇〇人であった。

ドイツの被害も甚大であり、ドイツの軍需産業は壊滅し、人口五万人以上の都市の大部分が破壊された。民間人の犠牲者は三一万人、負傷者は七八万人、消失家屋は二三〇万戸、家を失った者は七五〇万人と推定されている。イギリス空軍が投下した爆弾を加えると、ドイツは日本の一〇倍の被害を受けたことになる。

一九四五年二月、アイゼンハワー大将は、部下将軍の能力について覚書を作成したが、並み居る将軍の中でナンバーワンと評価されたのはオマー・ブラッドレー中将とカール・スパーツ中将であった。戦略空軍の活躍が認められたのである。

第23章　太平洋航空戦、一九四五年

ルメイの新戦術

一九四五年二月までに第二一爆撃軍にはB-29が順調に配備され、一度に二〇〇機以上が作戦に投入できるようになった。二月、ルメイは東京、九州、名古屋、大阪、神戸の爆撃を続けた。二月二五日には、夜間低高度でのレーダー航法とレーダー照準爆撃戦術を試すため二三一機のB-29で東京を爆撃した。B-29が投下した二〇〇〇発の焼夷弾によって二キロ四方に火災が発生したため、この爆撃戦術は成功と判断された。この爆撃の成果を踏まえ、ルメイは三月九日から低高度での夜間焼夷弾爆撃を行うことを決心した。

ルメイは、「日本は、低高度用の対空火器が非常に少ない。また夜間戦闘機は機数も少なくレーダーも搭載されていない」という情報部の報告に注目した。そして、ジェット気流の影響を避けるとともに、焼夷弾の燃焼効果を最大に発揮させるために、次のような爆撃戦術を採用した。

・第二一爆撃軍が保有する全機約三〇〇機のB-29を一度に投入し、一〇日間で集中的に日本の主要都市を爆撃する。

・適切な防火体制がとりにくく、戦闘機や高射砲の防空能力が低下する夜間に爆撃する。

る。
・飛行高度は、ジェット気流の影響を受けない一五〇〇メートルから二四〇〇メートルの低高度帯とする。
・爆弾は全て焼夷弾とし、最大搭載量の六トンを搭載する。
・重量を軽減するため、機関銃は胴体下面の機銃塔だけとし、残りの機関銃は撤去する。
・燃料を節約するために離陸後は編隊を構成せず、目標まで単機または少数編隊で飛行する。

最も危険なのは、サーチライトであったが、Ｂ‐29が低高度で一斉に侵入すれば、サーチライト部隊は混乱におちいると考えられた。

東京大空襲

一九四五年三月上旬、アーノルドは、東京空襲のためにＢ‐29に焼夷弾を積む式典で次のメッセージを送った。

「私からのメッセージを聞いてくれ。東京を空襲する意義をみんなに伝えたい。第二〇爆撃軍は、中国から東京へ出撃したが、距離が遠すぎて、たとえＢ‐29とはいえどもごく一部しか到達できずに苦労した。今、君たちは日本に最も近い基地にいる。もっとたくさんの爆弾を運び、北海道から九州まで日本の軍需産業の拠点をすべて攻撃できる。君たちが日本を攻撃する時に日本人に伝えてほしいメッセージがある。そのメッセージを爆弾の腹に書いてほしい。日本の兵士たちめ。私たちは、パールハーバーを忘れ

左からカーチス・ルメイ少将、バニー・ジャイルズ中将、アーノルド、エメット・オドンネル准将（1944年）

はしない。B-29は、それを何度もお前たちに思い知らせることだろう。何度も何度も覚悟しろ」

一九四五年三月九日、ルメイは計画どおり、東京の江東地区に対する夜間焼夷弾爆撃を敢行した。当時の東京の人口は五〇〇万人であり、そのうち一三〇万人が江東地区に居住していた。この夜、東京には北北西の強風が吹いていた。

三月九日午後四時すぎ、第二一爆撃軍所属の第七三爆撃航空団（グアム島）、第三一三爆撃航空団（テニアン島）、第三一四爆撃航空団（サイパン島）所属のB-29三三四機が出撃した。指揮官は、ルメイの部下で最優秀のトーマス・パワー准将であった。

B-29の爆撃は、まず編隊を誘導するパスファインダー機が先行した。三月一〇日午前零時七分、先導機三二機が東京上空に到着し、M-47油脂焼夷弾を江東区の四個所の爆撃照準点に投下し、後続機の目標となる火炎を発生させた。つづいて、B-29が単縦陣で侵入し、M-50焼夷弾とM-69焼夷弾一二二〇〇発を投下した。この夜、東京に到着したB-29は、指揮官機、進出と帰投用の誘導機、針路を誤ったB-29を除き二九八機であった。

関東地方の防空を担当していたのは、第一〇飛行師団、第一高射師団、第三二航空情報隊で構成された第一二方面軍であった。第三二航空情報隊には対空監視レーダーの電波警報機甲型と乙型が配備されていたが、三月九日の夜は強風のため電波警報機乙型はほとんど機能しなかった。日本の防空部隊は虚を突かれ、防空戦闘機が緊急発進したが、B-29が雲中や急降下の待避行動をとったため戦果はなかった。しかし、一部の高射砲部隊は果敢に応戦し、B-29を一機を撃墜している。

焼夷弾の集中爆撃から発生した火災は、強風にあおられて延焼した。火災によって上昇気流が起き、火炎旋風が発生した。この時発生した火災の状況について、「各所の火焔は、すぐに一緒になって大きな火炎の固まりとなって激しく燃え上がった。火炎は六〇キロ先でもよく見えた。激しい乱気流が起き、数機のB-29が一瞬にして数百メートルも吹き上げられた」と記録されている。

この爆撃で一二以上の区が被災し、浅草区、本所区、深川区、城東区、下谷区がほぼ焼滅した。被害は、死者約八万三〇〇〇人、負傷者約四万万人、消失家屋約二七万七〇〇〇戸、被災者は一〇八万人におよんだ。第二一爆撃軍の被害は、日本軍の高射砲で二機が墜落し、一二機が未帰還となり、四二機が撃破された。

アーノルドは、東京大空襲の成功の一報が入ると、ルメイに「おめでとう。今度の任務は、貴下の部下達が何事に対しても勇気を持ってやったことを示している」と電報を打った。

東京大空襲は、対日爆撃の転換点となった。ルメイは、爆撃の手をゆるめなかった。東京大空襲の戦術を踏襲して、三月一一日に名古屋（三一三機）、一三日に大阪（三〇一機）、一六日に神戸（三三〇機）、一八日に再度名古屋（三一三機）と、夜間焼夷弾爆撃を続行した。この間の日本側の被害は、死傷者二〇万人以上、消失家屋五八万戸以上、被災者二〇〇万人以上に及んだ。一方、B-29の損害は、全出撃機数の二パーセントのわずか二二機であった。

無辜の一般国民に対する前例の無い大災害となったこの焼夷弾爆撃について、ルメイは、民間人を殺害したのでなく、軍需工場を破壊したと認識していた。この点について、ルメイは次のように述べている。

「（日本では）男性、女性、子供を含む全ての国民は、航空機や兵器の製造に携わっている」、「家庭には工場があり、家族は家庭で軍需品を生産しており、それは家庭内の製造ラインである」、「スズキ家がボルトを作れば、隣のハルノブ家ではナットを作り、或いは共同でガスケットを作り、そして、工場のキタガワ氏は、車両を出してそれらの部品を回収しているのである」

空中からの機雷敷設

一九四五年三月下旬になると、第二一爆撃軍は焼夷弾を使い果たした。焼夷弾の補給を受ける間、日本の港湾、海峡、水道に対する空中からの機雷敷設を行った。

最初の出撃は三月二七日で、B-29一〇四機が日本本土と大陸を結ぶ海上交通の要衝、関門海峡に音響機雷や磁気機雷を投下した。続いて主要港湾の東京湾、神戸港、伊勢湾、瀬戸内海沿岸地方の徳山、広島、呉、安芸灘、日本海側の宮津、舞鶴、敦賀、伏木、七尾、新潟、九州の唐津、福岡、朝鮮半島の釜山、麗水、馬山、元山に機雷を投下した。

度重なる機雷の敷設で最も大きな損害を被ったのは関門海峡であり、三月以降は機雷による被害は一日平均八隻にのぼり、五月にはアメリカ海軍の潜水艦よりも多くの被害が発生した。第二一爆撃軍は、戦争末期の四か月間に四六回、延べ一五〇〇機のB-29で一万二〇〇〇発、九〇〇〇トンもの機雷を投下した。

三月下旬からはアメリカ海軍の要請により、沖縄侵攻作戦の牽制のため、九州や四国各地の軍事施設や航空基地の爆撃任務に参加した。

中小都市への爆撃目標の拡大

ルメイは、弾薬不足と沖縄作戦支援のために中断していた大都市爆撃を五月に再開した。この時期、第二一爆撃軍には五〇〇機以上のB-29が配備され、搭乗員と整備員の練度は向上し、焼夷弾も十分な量を確保していた。

五月一四日の名古屋（五二九機）を皮切りに、五月一六日名古屋（五二二機）、五月二三日東京（五六二

機）、五月二五日東京（五〇二機）、五月二九日横浜（五一七機）、六月一日大阪（五二一機）、六月五日神戸（五三一機）、六月七日大阪（四五八機）と続き、六月一五日の大阪尼崎地区の爆撃（五一六機）で大都市爆撃を終了し、続いて中小都市爆撃に移行した。

中小都市を爆撃する際は、①家屋の密集度、②軍需工場の有無、③輸送施設の有無、④都市と人口の規模、⑤レーダーによる爆撃照準の可否、によって優先順位が決定された。六月一七日には、鹿児島、大牟田、浜松、四日市、六月一九日には豊橋、福岡、静岡、六月二八日には岡山、佐世保、門司、延岡を爆撃した。その後は、三日ないし四日ごとに四カ所から五カ所の都市に対し焼夷弾爆撃を実施した。こうして、ルメイは、第二一爆撃軍を率いて休むことなく対日爆撃を敢行し、日本を降伏へと追い込んでいった。この間、戦闘によって失ったＢ-29は四五〇機であった。

一九四五年五月三一日、フィリピンのスービック湾に展開していた第五航空軍のケニー中将は、一一七機のＢ-24で台北を爆撃した。目標は、台湾総督府を含む主要官庁街、台北城外の日本軍の軍事施設であり、三八〇〇発の爆弾を投下した。この間の戦闘によって失ったＢ-29は四八五機、戦死した搭乗員は三〇四一名であった。

皇居爆撃問題

元駐日大使のジョゼフ・グルーは、東京爆撃の際は、「終戦と占領での利用価値を考えると天皇（皇居）を攻撃するのは得策でな

ジェームズ・ドゥーリットル中将（左）とカーチス・ルメイ少将（右）（1945年）

い」と国務長官に根回ししていた。しかし、アーノルドには別の思惑があった。

一九四四年一一月二九日、アーノルドは、参謀長で焼夷弾爆撃論者のローリス・ノースタッド准将から、真珠湾攻撃という屈辱的な仕打ちに対抗するために、皇居を爆撃する案の上申があった。そこでアーノルドは、日本社会に詳しい専門家の意見を聞いたところ、皇居を少しでも破壊したならば、天皇の絶対的な神格を信奉する日本人は怒り狂い、とりわけ、捕虜に対する虐待が懸念される、との回答が返ってきた。

アーノルドは、ノースタッドに、「今回はだめだ。筋道としてまずやることは工場、港湾、都市の破壊だが、いずれは、東京そのものを破壊する」と手紙で伝えた。

一九四五年五月二五日の空襲では、皇居の外側にある大宮御所、東宮仮御所、宮家などが全焼したが、皇居内には一発の爆弾も落ちなかった。しかし、翌二六日の爆撃で、皇居外の参謀本部で発生した火災が明治宮殿に飛び火して大半が燃え落ちた。昭和天皇は、吹上御苑内の御文庫に避難して無事だった。

その後は、終戦まで、皇居に対する爆撃は行われなかった。

B-29への体当たり攻撃

一九四四年一一月、東部軍管区の第一〇航空師団は、隷下の各飛行戦隊に対し、B-29を体当たり攻撃で撃墜する空対空特別攻撃隊を編成し、震天制空隊と命名した。同様に、西部軍管区の第一二飛行師団は、回天隊を編成した。

空対空特別攻撃が空対艦特別攻撃と異なるのは、B-29に衝突した時にパイロットが機体から脱出して落下傘降下するか、あるいは、損傷した機体を操縦して生還することが不可能ではなかったことである。むしろ生還することが求められていた。

攻撃部隊の編制は、各飛行戦隊内の四機一組で一隊とし、使用する機体の大半は使い古しの中古機であり、高空での機体性能を少しでも向上させるため、機関銃、防弾鋼板、無線機を撤去して軽量化した無抵抗機と呼ばれる機体が用いられた。

中には、飛行第二四四戦隊震天制空隊「はがくれ隊」の板垣政雄軍曹と中野松美軍曹のように二度の体当たりを敢行して二度とも生還したというつわものもいた。

戦果としては、一機の特攻機で一度に二機のＢ-29を撃墜したこともあったものの、大半はＢ-29の防御火器が強固である上、性能差がありすぎてＢ-29に接近することすらままならなかった。また、体当たりに成功してもＢ-29が墜落しないこともあり、軍上層部が期待したほどの戦果は挙げられなかった。さらに、Ｂ-29に硫黄島に配備されたＰ-51が随伴するようになると、特攻機は格好の餌食となるため、次第に体当たり攻撃は、行われなくなっていった。

Ｂ-29に対する夜間迎撃戦闘

夜戦では、機上レーダーが必須だが、欧米に比べて日本は開発が遅れていた。唯一、夜戦で有効だったのは、斜銃を取り付けた海軍の夜間戦闘機であった。

海軍第二五一航空隊副長の小園安名中佐は、夜間に後下方から接近する航空機は、地上の闇にまぎれて見つけにくいことに着目し、月光一一型の座席の後背部に迎角三〇度で二〇ミリ機関銃を三挺取り付けて夜間戦闘機に改造することを思いついた。

月光一一型には、ＦＤ-２機上レーダーが搭載されていたが、信頼性が低く、実戦では使い物にならなかった。そのため、夜戦の唯一の頼みの綱は斜銃だけであった。斜銃であれば、Ｂ-29の後下方に位置すれば、同航戦なので、見越し射撃不要で長時間射撃できる。なにより、既存の機体の改修が容易であった。そして、ラバウルでは、夜間戦闘機は、B-17やB-24の迎撃に一定の戦果を挙げていた。

ルメイは、一九四五年三月一〇日の東京大空襲から低高度の夜間都市無差別爆撃に戦術を変更した。この戦術では、B-29は編隊を組まず、五〇〇〇メートル以下の低高度を一本の奔流（ストリーム）となって進む。飛行高度を下げたことで、日本軍の迎撃が容易になった。

横須賀海軍航空隊の第七飛行隊は、後背部に二〇ミリ機関銃を三挺取り付けた夜間戦闘機月光一一甲型を装備していた。一九四五年五月二五日夕刻、小笠原諸島の対空監視哨から「B-29の大編隊北上中」の情報がもたらされたため、偵察員の黒鳥四朗少尉と操縦士の倉本十三上等飛行兵曹のペアは、迎撃するため離陸した。

午後一〇時二〇分、東京湾上空を高度四〇〇〇メートルで待ち構えていた黒島機は、まずB-29の本隊を誘導する先導機（パスファインダー）を発見して攻撃した。B-29は熊谷郊外に墜落した。この夜は、東京空襲に参加したB-29が空を覆わんばかりに飛行していた。黒島機は、東京湾上空で二機目を発見して攻撃し、B-29は松戸郊外に墜落した。三機目は銚子沖で撃墜した。反転して再度接近中に四機目を発見して攻撃し、九十九里浜沖の太平洋上で撃墜した。五機目も九十九里浜沖で撃墜した。

この日の黒鳥・倉本ペアの戦果は、B-29撃墜五、撃破一であり、撃墜はいずれも確実と判定された。一回の迎撃としては、海軍の最高記録であった。この日、アメリカ第二一爆撃軍は、B-29を二六機失っており、それまでにない大きな被害であった。

アーノルドの日記

一九四五年六月になり、枢軸国の内、イタリアはすでに一九四三年九月にムッソリーニが失脚して後任のバドリオ政権に代わり、連合軍に降伏していた。ドイツも一九四五年五月八日に降伏した。そして、日本は一国で連合国と交戦状態にあり、日本の降伏も時間の問題となっていた。

対日戦も終盤に近付いたアーノルドは、日記に次のような感情的な意見を書きのこしている。

六月一六日、「アメリカでは日本人（ジャップ）の蛮行がまったく知られていない」、「日本人（ジャップ）を生かしておく気などさらさらない」。

六月一七日、「マッカーサーは、更なる日本攻撃にB-29を使おうとする我々の計画の理解が足りない。日本の三〇ヵ所の都市と産業地域を破壊したうえで、侵攻地域となる場所には一ヵ月ごとに二〇万トンの爆弾を投下し、侵攻する日は八万トンを投下することをちゃんと説明したら、マッカーサーも気に入ったようだ」。

七月二三日、「（ポツダム会談で）スターリンとチャーチルに『現在のペースでB-29が飛び続ければ東京には何も残っていないことでしょう。そこで会議することになりますね』と言った」。

第5部

戦後を見据えて

第24章　グローブスとマンハッタン計画

原子爆弾の開発

一九三九年八月、ドイツからアメリカに亡命していた物理学者アルベルト・アインシュタインは、ルーズベルトに原子力を使った新型爆弾の可能性を説いた書簡を送り、ウランの研究を勧告した。原子爆弾に興味を抱いたルーズベルトは、国防調査委員会内にウラン諮問委員会を設置し研究を指示した。一九四二年六月、科学研究開発庁はルーズベルトに原子爆弾の開発は可能であることを報告した。この報告を受けて、ルーズベルトは陸軍に原子爆弾の製造に必要な施設の建設を命じた。

一九四二年八月、原子爆弾製造計画（暗号名「マンハッタン」）が始まった。マンハッタン計画は陸軍が担当することになり、レスリー・グローブス少将が責任者に任命された。マンハッタン計画は、科学者、技術者、軍人等五四万人が参加し、二〇億ドルを投入した国家的プロジェクトであった。

ニューメキシコ州ロスアラモス、ワシントン州ハンフォード、テネシー州オークリッジなどに大規模な施設がつくられ、その中心のロスアラモス研究所の所長にはロバート・オッペンハイマーが任命された。一九四四年九月には原子爆弾の完成の目途がたったため、グローブスはマーシャルに「最初の爆弾は一九四五年八月一日ごろに完成する見込」であることを報告している。

第五〇九混成飛行群の新編

一九四四年九月一日、アーノルドは、原子爆弾の投下を任務とする特別仕様の一四機のB‐29で編成した第五〇九混成飛行群を新編し、指揮官にポール・チベッツ大佐を任命した。チベッツはかつてアイゼンハワー大将の専属パイロットをしており、陸軍航空軍きっての優秀なパイロットという名声を得ていた。一九四五年五月、第五〇九混成飛行群はマリアナ諸島のテニアンに進出した。

七月一六日、ニューメキシコ州アラモゴードで行われた原子爆弾の爆発実験は成功し、グローブスの予測は的中した。

第五〇九混成飛行群は、七月二〇日から八月一四日にかけて、東京、富山、長岡、敦賀、福島、焼津、浜松、名古屋、春日井、大阪、和歌山、宇部等の都市に模擬の原子爆弾四九発を投下した。この爆撃は、原子爆弾の投下訓練、原子爆弾が爆発した後の回避機動及び原子爆弾の弾道特性等のデータの収集を目的としていた。

ルーズベルト大統領の死亡に伴い、新大統領に就任していたハリー・トルーマンは、ポツダム会談の最中の七月二四日、原爆の投下を決断した。七月二五日、スパーツに原子爆弾投下命令が下された。時期は「一九四五年八月三日以降、天候がゆるすかぎり速やかに」、第一目標は「広島」、第二目標は「小倉」、第三目標は「新潟」か「長崎」であった。目標都市はトルーマンが決定した。

原子爆弾の投下

八月六日、最初の原爆爆弾である四トンの濃縮ウラン型原子爆弾「リトル・ボーイ」を搭載したB‐29

「エノラ・ゲイ」がテニアンを出撃した。広島上空の天気は良好であり、指揮官のポール・チベッツ大佐は、広島への投下を決定した。

午前八時一六分、広島市上空約五八〇メートルで「リトル・ボーイ」は爆発した。「リトル・ボーイ」は閃光を放ち、数百万度の火球が発生した。その間に、強烈な熱線と放射線が放出され、衝撃波が人々を襲った。爆心地は三〇〇〇度以上の高温となり、爆発によって生じた火災は市街地を焼き尽くした。

火災によって空気が流れ込んで上昇気流が起こり火炎旋風が発生した。そして、午前一〇時過ぎから一時間あまり、高濃度の放射性降下物を含んだ黒い雨が被災地に降り注いだ。死者・行方不明者は七万人から八万人、在留放射能で死亡した者を含めると一四万人と推定されている。

八月九日、プルトニウム型原子爆弾「ファット・マン」を搭載したチャールズ・スウィニー少佐が指揮するB-29「ボックス・カー」がテニアンを出撃した。爆撃目標は小倉だったが、小倉が雲に覆われていたため、第二目標の長崎に向った。長崎上空も雲に覆われていたが、雲のわずかな切れ間から地上の目標が確認でき、照準が可能であったため原子爆弾の投下が決定された。午前一一時三分、長崎市上空約五〇〇メートルで「ファット・マン」は爆発した。死者・行方不明者は当初二万一六〇〇人であったが、最終的な集計では七万三〇〇〇人以上であった。

一九四五年八月八日、ソ連は日ソ中立条約を破棄して日本に宣戦布告し、翌九日に満州国、樺太南部、朝鮮半島、千島列島に侵攻した。八月一五日、日本はポツダム宣言を受諾して降伏し、第二次世界大戦は終結した。九月二日、東京湾の戦艦「ミズーリ」艦上で、休戦協定が締結され、日本の降伏が確定した。

アーノルドが爆撃目標としてルメイに示した都市は、一八〇都市であったが、八月一四日の熊谷、伊勢崎まで六八都市を爆撃した時点で日本は終戦を迎えた。戦略爆撃調査団の報告によれば、B-29の延べ出撃機数は約三万三四〇〇機、作戦中の総損機数は四八五機、投下した爆弾は約一五万トン、搭乗員の戦死者は三〇四四名であった。

連合軍は、日本本土上陸計画「ダウンフォール作戦（没落作戦）」を計画していた。「ダウンフォール作戦」は、一九四五年一一月に実施予定の九州に上陸する「オリンピック作戦」と一九四六年春に実施予定の関東平野に上陸する「コロネット作戦」で構成されており、仮に「ダウンフォール作戦」が実行されていたならば、ノルマンディ上陸作戦を遥かに超える史上最大の水陸両用戦となったはずであった。

第25章　第二次世界大戦での航空戦の評価

ヨーロッパ航空戦

陸軍航空軍は、イギリスに第八航空軍、第九航空軍、北アフリカ・地中海に第一二航空軍、第一五航空軍を展開させてヨーロッパ航空戦を戦った。

連合軍のヨーロッパ反攻作戦のうち、対イタリア作戦は北アフリカから反攻を開始し、エジプトのイギリス軍と連携して枢軸国軍を北アフリカから駆逐し、次いでイタリアに上陸して占領する。一方、対独作戦は二正面作戦であり、フランスに上陸して東進し、西進するソ連軍と呼応しドイツ国内を進撃してベルリンを目指すものであった。

ヨーロッパで爆撃機部隊を指揮したスパーツとエイカーは、昼間高々度精密爆撃を確信し、固執していた。しかし、目標となるドイツの軍需工場は全土に広がっており、防空網「カムフーバー・ライン」は有効に機能したため、イギリスからドイツへ侵攻する爆撃機のほとんどが発見され、邀撃された。

ヨーロッパ航空戦では、「ある目標を破壊すれば産業生産の停止をもたらすようなボトル・ネック（隘路）を攻撃する」という目標選定方法は実証できなかった。シュヴァインフルトのボール・ベアリング工場の爆撃で判明したように、生産設備は短期間で復旧した。昼間高々度精密爆撃の効果は限定的であり、その結果が表れるまでには長い時間が必要だった。また、戦時の戦意高揚政策によりドイツ国民の戦意は高く、戦争の帰趨に影響を及ぼすことはなかった。

アメリカ国内での大型爆撃機の生産が軌道に乗ったのは一九四三年末であり、一九四四年に入ると一回の作戦に平均四〇〇機の爆撃機を投入できるようになった。この頃には、イギリス空軍も十分な爆撃機を装備しており、また、爆撃飛行の全行程を随伴できるP-51の配備によって爆撃機の被害も低下していた。陸軍航空軍は、損害以上の爆撃機を生産して戦線に投入するようになった。一九四四年初頭から対独戦略爆撃は熾烈を極め、一九四四年夏以降からはドイツの兵器生産は目立って低下していった。

その理由は、次の要因が複合的に影響したものであった。

ドイツの防空能力については、

・連合国がドイツ空軍基地を占領していったため、ドイツ空軍の活動が制限された。
・激しい空中戦でドイツ空軍のベテラン・パイロットが消耗した。
・ドイツ空軍の防空能力の低下に伴って、ドイツはドイツ上空の航空優勢を喪失し、連合国空軍の戦果は拡大していった。

ドイツの経済については、

・一九四四年後半から連合国が石油製造工場の爆撃を開始したため、航空ガソリンの生産が低下し、ドイツ空軍の活動が目に見えて低下した。
・アメリカ陸軍航空軍の精密爆撃によって、ドイツの兵器生産は低下していた。特に一九四四年初頭からの爆撃によって、ドイツの兵器生産は急速に低下した。
・連合軍の戦術航空部隊による攻撃でドイツの道路、橋梁、鉄道が寸断され、軍需物資の輸送が困難になった。

それでもドイツは戦い続け、結局、連合国がベルリンを占領するまで降伏しなかった。ヨーロッパ航空戦では、制空権を獲得することの重要性は広く認知された。しかし、ミッチェルが提唱した「戦略爆撃により敵国家の戦争遂行能力を破壊すると同時に敵国民に精神的な影響を与えれば、戦争はより短期間でより少ない被害で終結する」という仮説は実証できなかった。とりわけ、陸軍航空軍が被った損害はあまりにも大きく、それはアーノルドの予想を遥かに超えていた。また、モンテ・カッシーノ修道院をはじめとする無数の歴史的建造物や住宅の破壊は大きな批判を浴びた。

一方、戦略爆撃を重視するアーノルドの思惑とは別に、地上部隊の指揮官達が高く評価していたのは、戦闘爆撃機による近接航空支援、双発爆撃機による戦場後方の敵、駅、橋梁、補給処、燃料貯蔵処を攻撃する航空阻止であった。また輸送機は、大規模な空挺作戦を支援し物資を輸送した。

ヨーロッパでの連合軍の勝利は、爆撃機、攻撃機、戦闘機、輸送機が試行錯誤を繰り返しながら地道に努力を重ねて制空権を獲得した結果、達成したものであった。こういった背景によって、東西からの地上軍のベルリンへの侵攻が容易になったとするなら、第八航空軍をはじめとする空軍力は、充分にその役割を果たしたといえる。

ドイツの戦時生産体制を指導したシュペーアは、生産体制を整理、統合して生産効率を劇的に向上させた。シュペーアは、戦闘機を含む防空兵器を重点的に生産し、生産設備を疎開させ地下工場へ移設した。シュペーアの指導でドイツの生産力は一九四四年夏にピークを迎えた。だが、そこで戦略爆撃が強化された。爆弾の七二パーセントは一九四四年七月以降に投下したものであり、それから九カ月でドイツの巨大な経済は壊滅し、一九四五年二月にはドイツの戦争経済はほとんど無力になっていた。シュペーアは、ドイツの生産力を決定的に低下させたのは製油所と鉄道の操車場の爆撃であったと認識していた。また、航空攻撃にきわめて弱い発電所、火薬工場、弾薬工場、そして窒素とメタノールを生産している化学工場を攻撃すれば、連合軍はもっと有利に戦争を遂行したであろうと、陸軍航空軍の目標選定の誤りを指摘している。

ヨーロッパの戦闘における空軍力の役割について、ヒトラーの側近であり国防軍最高司令部作戦部長であったアルフレート・ヨードル上級大将は、「連合軍が制空権を獲得したことが連合軍の勝利を決定づけた」と制空権の重要性を認識していた。カール・デーニッツ海軍総司令官は、「空軍力こそが決定的な要素であった」と証言し、ゲルト・フォン・ルントシュテット元帥は、「連合軍の勝利を決定づけたいくつかの要素のなかでも、空軍力は最高のものと確信した」と述べている。ドイツ空軍総司令官ヘルマン・ゲーリング元帥は、「連合軍の目標選定はたいへん的確だった。精密爆撃は夜間爆撃より有効だった。とはいえ、空軍力だけで、ドイツが負かされたわけでは決してない」と精密爆撃の有効性を認めている。軍需相アルベルト・シュペーアは、「地上での侵攻がなくても、連合軍は戦略爆撃で勝利を得られただろう」と戦略爆撃を高く評価している。

太平洋航空戦

陸軍航空軍は、南西太平洋に第五航空軍、インド・ビルマに第一〇航空軍、中国に一四航空軍、マリアナに第二〇航空軍を展開させて太平洋航空戦を戦った。

アメリカの太平洋反攻作戦の主攻は三つである。中部太平洋方面は海軍が担当し、日本海軍を撃破して制海権を確保し、ソロモン諸島から小笠原諸島を経由して関東地方を目指す。南西太平洋方面は陸軍が担当し、南太平洋を時計回りに、ソロモン諸島、東部ニューギニア、北部ニューギニア、フィリピン、沖縄を経由して九州を目指す。もう一つは、インド・ビルマ・中国方面であり、イギリス軍、アメリカ軍、中国軍の協同作戦で日本陸軍を追い込む。そして、日本の戦争経済を弱体化するためにB-29による機雷敷設と戦略爆撃、そして海軍の潜水艦隊による無制限潜水艦作戦であった。

太平洋航空戦は、第五航空軍と第二一航空軍が行った。第五航空軍は、当初オーストラリアのブリスベーンに展開して連合国の反攻を空から支援し、ソロモン諸島、東部ニューギニア、北部ニューギニア、フィリピン、沖縄と陸軍の侵攻を空から支援した。

B-29を装備した第二一航空軍は、一九四四年一一月から対日戦略爆撃を開始した。当初、一〇〇機のB-29で昼間精密爆撃を実施したが、成果があがらなかった。一九四五年三月に入ると一回の作戦に平均三〇〇機のB-29を投入できるようになった。

爆撃戦術を大きく変更したのは一九四五年三月九日の東京大空襲からであり、焼夷弾による夜間都市無差別爆撃を開始した。沖縄作戦が終結した六月からは中小都市に対する夜間爆撃に移行した。一九四五年四月以降は、日本の陸海軍の防空部隊の活動は不活発となったが、その理由は次の通りであった。

・航空機工場が反復爆撃で生産設備が被害を受けた。
・B-29の夜間爆撃に対処できる夜間戦闘機が少なかった。
・マリアナ作戦、フィリピン作戦、沖縄作戦で多くの航空機が消耗し、防空戦闘機が絶対的に不足していた。
・硫黄島の陥落以降、P-51が随伴するようになり、邀撃が困難になった。
・資源の輸入が途絶したことで、航空機の生産と燃料が劇的に減少した。

・連合軍の本土上陸に備え、航空機と航空燃料を温存した。
日本は、連合軍の上陸以前に降伏を受け入れたことから「戦略爆撃によって降伏した国」とみなされた。しかし、日本は、次の要因が相互に影響して戦争の継続が困難になり、降伏を受け入れたのである。
・前線の激しい戦闘による物資と人員の消耗。
・鉄道網の寸断、輸送船の消耗、港湾の機雷封鎖に伴い輸送が途絶。
・爆撃による生産力の低下と都市機能の麻痺。

B-29による戦略爆撃は日本を降伏させるための決定的な要因ではあったが、連合軍の対日作戦の一翼を担った作戦でもあった。日本に惨禍をもたらしたB-29による戦略爆撃の背景には「大規模な爆撃によって都市の住民を焼け出すことにより、国民の中に厭戦気分を醸成して政府に早期戦争終結を促す」という対価値戦略があった。しかし、日本が終戦を受け入れたのは、戦略爆撃によって日本国民に厭戦気分が蔓延していたことが原因ではなかった。大多数の日本国民は、あれだけの被害を受けても抗戦意思を維持し続けていたのである。

戦後、アメリカ政府が作成した戦略爆撃調査団報告を見ても、B-29による戦略爆撃の成果と日本国民の士気への影響について明確な結論は出ていない。アーノルドが行った戦略爆撃の根拠となっていた対価値戦略は、対日作戦では実証できなかったのである。

第26章　カルマンの貢献

科学諮問委員会の設立

連合軍の勝利が確実となった一九四四年九月、第二次世界大戦後のアメリカの安全保障では空軍が重要な役割を果たすと確信していたアーノルドは、空軍の将来を見据え、再びセオドア・フォン・カルマンの支援を仰いだ。

アーノルドは、カルマンに「ジェット・エンジン、ロケット・エンジン、レーダーのような新しい技術は、今後どうなるのか」と質問し、そして「科学者のグループを集めて、今後二〇年、三〇年、いや恐らくは五〇年間の航空研究の青写真をつくりたい」と要請した。カルマンは、この申し出を受け入れた。

アーノルドは、陸軍航空軍装備副部長オリバー・エコールズ少将の下にカルマンのポストを用意し、フレデリック・グランツベルグ大佐を部下に指名した。カルマンがリーダーとなった科学諮問委員会（SAG）には、アメリカのトップクラスの科学者が参加した。カルマンの同僚のドライデン博士、ワーテンドルフ博士、陸軍航空軍のワルコヴィッツ少佐、ボーイング社のシェイラー技師、マサチューセッツ工科大学のヴァレー博士、ゲッチンゲン博士、ノーベル物理学賞受賞者のパーセル博士、真空管の発明者ズオーリキン博士、ヅブリッジ博士、ハーバード大学の原子物理学者ラムゼイ博士等である。

一九四四年秋にＳＡＧの第一回の会合が開かれた。アーノルドは、参加者に「陸軍航空軍を無敵にすることができる基礎的な技術を開発するため、すべての科学を検討してほしい」と要望した。協議の結果、ＳＡＧの研究範囲は、未来の戦争の阻止に必要な先端軍事技術の動向を見極めることと決定された。ＳＡＧは、一九四五年初めまでに、高速空気力学、エンジン、通信の各分野での答申を提出した。

ドイツの視察

一九四五年三月、アーノルドは、カルマンにドイツの航空先端技術の研究調査を依頼した。ドイツはジェット機とロケット機を実用化させた航空先進国であり、航空工学の基礎的研究では抜きんでていた。カルマンの使命は、進軍するアメリカ軍が研究施設を占領した直後に調査を開始し、専門家の目で重要と判断した資料や物件を押収することであった。ソ連より一歩でも早く目的を達成する必要があった。カルマンは陸軍少将の階級が与えられ、ＳＡＧのメンバーとともにドイツに渡った。

五月七日、ドイツは連合軍に降伏し、欧州での世界大戦は終了した。五月一〇日に、調査団は最初にヘルマン・ゲーリング航空研究所を調査し、研究成果を目のあたりにした。ある建物では、テーブルの上に置き去りにされていた後退翼の風洞模型を発見したとき彼らの興奮はピークに達した。アメリカではやっと遷音速領域で後退翼の効果に気がつき始めたばかりの時であった。調査団はこの風洞模型が意味していることを即座に理解した。

それは、戦後の航空の世界を一変させたといっても過言ではない大発見であった。メンバーの一人、ボーイング社のジョージ・シャイラーにとって衝撃は大きかった。シャイラーはボーイング社の同僚ベン・コーヘンに手紙を書き、悪戦苦闘していたアメリカ陸軍初の中型ジェット爆撃機の開発作業をストップし、続報を待つよう伝えた。

調査団は、空井戸の中で後退翼についての論文、そして後退翼が音速付近で優れた速度性能を持っていることを明らかにした風洞実験データを発見した。これらのデータは後にアメリカ初のボーイングB‐47ストラトジェット爆撃機の開発に反映された。B‐47に取り入れられた技術はその後、爆撃機から旅客機へと進化して大型ジェット機のスタンダードになり、今日に続く大河の流れとなった。

この研究所で捕獲した三〇〇万件の文書は評価を行い、価値のある資料はマイクロ・フィルムに収められた。カルマンは、ドイツではジェット・エンジンと超音速飛行が可能な後退翼の研究が予想以上に進んでいたこと、逆にレーダーの開発は遅れていたことを確認した。

ドイツでは、空軍が科学者を利用する能力に欠けており、特にカルマンのように軍との密接な連絡係がいなかったことは致命的であった。カルマンを陸軍航空軍の顧問に据えて、自在に手腕をふるわせたアーノルドの識見は高く評価できる。

続いて、ノルドハウゼンにある塩採掘鉱山の地下壕にあるユンカース研究所へ行った。ここでは、V‐2ロケットやロケット戦闘機メッサーシュミットMe‐263の資料を収集した。

ゲッチンゲン大学航空力学研究所では、物理学者のグループに面会した。このグループは、ドイツの物理学者オットー・ハーンの論文を読んで原子爆弾を着想し、ドイツ政府に資金の提供を働きかけたが、「何という無駄使いだ」というヒットラーの一言で計画は頓挫していた。アメリカでは、逆にオットー・ハーンのこの論文がアインシュタインらのグループの目にとまり、後の原子爆弾製造の原動力となった。

ミュンヘンでは、V‐2ロケット計画の総責任者ヴァルター・ドルンベルガーと設計者のウェルナー・フォン・ブラウン博士のグループに面会した。その後、これらの人物がアメリカ側についたことは、アメリカのミサイル開発に決定的な要因となった。

コッヘルでは、建設中の極超音速風洞を発見し、射程五〇〇〇キロの大陸間弾道弾の研究資料を入手した。この資料には、ドイツからニューヨークまでの大陸間弾道弾の軌道が記されていた。

六月に入るとカルマンの一行に、ソ連からモスクワで開催されるソビエト科学アカデミーへの参加の招待状が届いた。カルマンはモスクワへ向かい、ソ連科学アカデミーの指導者達と会談し、科学、航空機エンジン、半導体、原子核の研究所を見学した。

空軍の未来の青写真

カルマンは帰国後、中間報告『我々は何処に立つか』をアーノルドに提出した。中間報告の中でカルマンは、V-2ロケットを多段に設計すれば、世界中のすべての国を攻撃できる大陸間弾道弾の製造が可能になることを指摘していた。

一九四五年一二月、カルマンは最終報告『新しい地平線に向かって』と補足説明『科学、空の優越性の鍵』をアーノルドに提出した。この報告書は、ターボファン・エンジン、ターボジェット・エンジン、パルスジェット・エンジン、ロケット・エンジンの革命的動力が将来の航空機に及ぼす影響、気象の長期予想の可能性、ジェット機とレーダーを基盤とした航機の体系の全般的な見直し、原子爆弾の可能性について言及していた。

そして、空軍こそがアメリカの主要な防衛手段であり、国家の防衛は科学技術に依存しているとし、空軍が必要とする兵器を五年から一〇年先まで予想していた。アーノルドは、未来の空軍の青写真ともいえるこの報告書に満足した。

カルマンは、サイミントン空軍長官に会って、ジェット・エンジン、超音速機、弾道ミサイル開発のための実験センターの設立を要望した。軍事予算の大幅カットという政府の歳出節約の中で、政府、議会、そしてトルーマン大統領も空軍の拡大に反対していたからである。

サイミントンは、カルマンの提案を了解し、トルーマン大統領と議会に空軍の要求を飲ませることに成功した。一九五二年、システムズ空軍零下の空軍技術開発センターがテネシー州タラホーマに設立された。後に、このセンターは、アーノルド技術開発センターと命名された。

カルマンは、超音速実験機X-1の開発を答申した。当時、ジェット・エンジンの開発により超音速飛行は目前であった。しかし、遷音速から超音速に至る飛行域は未知の分野であり、予測がつかなかった。遷音速飛行中に多くの実験機が墜落しており、そこには「音の壁」という目に見えない魔物が生息していると恐れられていた。

一九四七年一〇月一四日、ベル社のロケット・エンジンを搭載した実験機ベルX-1にチャールズ・イェーガー大尉が搭乗して、人類史上初の超音速飛行に成功した。空軍は次々に高速実験機を開発し、それらの成果が高々度極超音速実験機ノースアメリカンX-15の開発に結実した。X-15は、最高速度時速六二〇〇キロ、最高高度一〇〇キロの世界記録を樹立して貴重な資料を空軍にもたらし、後に有人宇宙船の開発に貢献した。

続いてカルマンは大陸間弾道弾の開発に指導力を発揮した。大陸間弾道弾には、多段式ロケットの開発、誘導装置の開発、原子爆弾の小型化の三つの技術的なネックがあった。カルマンは、遠距離まで高速で飛翔するミサイルを正確に誘導するジャイロを使った高性能の慣性誘導装置の開発を指導した。

一九五〇年六月に朝鮮戦争が勃発した。初めて戦闘に投入された北朝鮮軍のジェット戦闘機M・G-15

は高性能であり、朝鮮半島の航空優勢は危機に瀕した。ここでアメリカ空軍はノースアメリカンF‐86セイバー戦闘機を投入して戦勢を回復した。F‐86はドイツから入手したデータに基づいて設計された後退翼を装備していた。

一九五三年には、委員会のメンバーのジョン・フォン・ノイマンを中心に核物理学の専門家を集めて、ミサイルに搭載可能な小型原子爆弾の製造問題を扱う核兵器委員会を設立した。ノイマンの答申から五年後の一九五九年に初の実用大陸間弾道弾アトラスが完成した。

カルマンは、空軍の兵器体系を研究するシンクタンクの設立を答申した。これがＲＡＮＤであった。当初、ＲＡＮＤは、アーノルドの友人であるダグラス社のフランク・コロボームのもとで設立されたが、後に空軍に移管され多くの技術解析を行っている。また、委員会の電子部門の責任者であったジョージ・ヴァレイ博士は、北極から侵攻するソ連爆撃機による核攻撃を阻止するために、カナダの北部の酷寒の氷原地帯に早期警戒レーダー網ＤＥＷラインを完成させた。

カルマンは、「このように何度も何度もドイツの技術を借りて科学研究の有益さが証明されなければならなかったことは、情けないことであった」と述懐している。こうして一流の空軍を建設したいというアーノルドの夢は、ドイツの技術とカルマンの手腕によって叶えられつつあった。

第27章　アメリカ空軍の独立

アメリカ空軍の独立とキーウエスト合意

陸軍航空軍は、第二次世界大戦終結時には一六個航空軍、航空機六万三七〇〇機、総兵力二二五万三〇〇〇名を擁する巨大組織へと成長し、実質的に空軍として存在していた。一九四七年七月二六日、第二次世界大戦後のアメリカの国防政策の基本となる「一九四七年の国家安全保障法」が成立し、国家軍事機構、国家安全保障会議、中央情報局、統合参謀本部と並んで空軍の新設が決定された。

一九四七年九月一八日、陸軍省航空担当次官補スチュワート・サイミントンが初代空軍長官に就任した。九月二六日にはアーノルドの後任として陸軍航空軍司令官に就任したカール・スパーツ大将が空軍大将に転官して初代空軍参謀総長となった。ついで一〇月一八日に空軍省と空軍参謀本部が設立され、陸海軍と同等の軍種として空軍が発足した。ミッチェルが描いていた長年の夢がようやく実現したのである。

しかし、急速な動員解除により兵力は削減されて三〇万五〇〇〇人になった。部隊は、戦略空軍、戦術空軍、防空軍、在欧アメリカ空軍、極東空軍等一四個のメジャー・コマンドで構成されていた。また、空軍の新設に合わせて、一九四七年に州兵空軍が新設された。

空軍の独立にともない、他の軍種との間で核戦力を含むエア・パワーの役割について激しい議論が生じ

儀礼を受けるマーシャルとアーノルド（右）（1947年）

新生空軍の初代空軍参謀総長に就任したカール・スパーツ大将とアーノルド（右）（1947年）

た。この問題は、一九四八年三月にフロリダ州キーウエストでの会議で合意に至った。

「キーウエスト合意」で空軍の任務は、①核兵器による戦略航空作戦、②本土防衛、③地上軍に対する航空支援、④航空輸送、と決められた。一方、海軍は海上戦、陸軍は陸上戦と戦場防空、海兵隊は水陸両用戦に責任を持つことになった。そして近接航空支援については、空軍だけではなく海軍と海兵隊にも任務が付与され、それぞれ個別の航空部隊を持つことになった。

しかし、アメリカ政府や議会では、新参者の空軍に対する理解は浅く、また第二次世界大戦後の動員解除に伴う予算削減と重なったため、空軍に対する予算の獲得や資源の配分には多大な支障が生じていた。そのため、新生空軍の首脳はアメリカの安全保障に直接貢献する能力を具備する必要性を痛感していた。

アメリカの核戦力の担い手としての戦略空軍の強化である。

冷戦の始まり

第二次世界大戦後の米ソの同盟関係は、戦後世界の秩序をめぐる思惑の違いとイデオロギーに起因する相互不信が政治的対決をもたらし、やがて軍事的緊張へと発展して冷戦が始まった。

冷戦におけるエア・パワーの主体は、大量報復戦略を支える核兵器の三本の柱（大陸間弾道弾、戦略爆撃機、潜水艦発射ミサイル）であり、核戦争へエスカレーションする恐怖から、米ソ両国の直接対決は避けられた。

アメリカは、核戦力の優位によりソ連を封じ込める「封じ込め」戦略を採用した。「封じ込め」戦略はアメリカ空軍にとって追い風となり、六万トン級航空母艦「ユナイテッド・ステイツ」の建造中止や陸軍予算の大幅削減の中で戦略空軍が増強された。こうして、空軍力が強化された結果、空軍はアメリカの安全保障の中核に位置するようになる。

戦略空軍にとっての急務は、ソ連領土に到達できる大陸間弾道弾とソ連の領土内深く侵攻して核攻撃できる大型爆撃機の開発であり、一九四八年、B-29に替わって大型戦略爆撃機コンベアB-36ピースメーカーを開発した。

第28章　最　期

アーノルドは、一九四六年五月三日に持病の心臓病が悪化して執務がとれなくなり、六月三〇日に四三年の軍務を終えて陸軍を退役した。同日、アメリカ議会は、第二次世界大戦での連合国の勝利への貢献を認め、アーノルドは陸軍元帥に叙せられた。

一九四九年五月七日、アメリカ議会は、空軍の独立にともない、アーノルドを最初で唯一の空軍元帥に昇格させることを決め、アーノルドは空軍元帥にも叙せられた。アーノルドは、世界でも例のない、陸軍元帥と空軍元帥の二つの称号を得た。

アーノルドは、生涯で防衛功労勲章、三個の殊勲十字章、殊勲飛行十字章を授章している。そして、モロッコ、ブラジル、ユーゴスラビア、ペルー、フランス、メキシコ、イギリスから勲章を送られている。

アーノルドは、退役前に、カリフォルニア州ソノマのムーン・バレーに四〇エイカーの牧場を購入し、移り住んだ。牧場を持つことは、アーノルド夫婦の長年の夢であった。そして、現役時代にアーノルドのドライバーをしていたブルース・シモンズを呼び寄せて、牧場の経営を手伝ってもらっていた。

一九四八年、エンサイクロペディア・ブリタニカ社から依頼されて、陸軍航空軍史の原稿をチェックしていた時に五回目の心臓発作が起き、三カ月入院した。

トルーマン大統領から防衛功労勲章を授与されるアーノルド（右）（1947年）

一九四九年のクリスマス、シモンズがアーノルドのベッド・ルームを訪れると、アーノルドは寝息を立てていた。シモンズがのぞき込むと、アーノルドは目を覚まし、笑いながら、「もう死んだと思ったかい」と語った。

数日後、シモンズが訪れると、アーノルドは夢うつつであったが、数分後、シモンズに見守られて息を引き取った。アーノルドは、息子のブルースに「次に心臓発作が起きれば、私の命は持つまい。その時は、遺体は綿布で包んで草原に置いてほしい」と要望していた。享年六四であった。

アーノルドは、国葬の栄誉を受け、アーリントン国立墓地に埋葬されて永遠の眠りについた。一九四九年、エレノアは、アーノルドの遺稿をまとめて『グローバル・ミッション』を出版している。

コロラドスプリングスにある空軍士官学校の広場中央には、地球儀を持ち、日本を指さしているアーノルドの像がある。また、テネシー州タラホーマのアーノルド技術開発センターは、アーノルドの貢献に敬意を表して命名されたものである。

おわりに

アメリカ陸軍航空の先覚者ミッチェルは、空を支配できるエア・パワーは、国際関係を決定づける重要な要素になると考えた。そして、アメリカが具備している桁外れの国土、国際的な影響力、創造的な才能に恵まれた国民、エア・パワーの拡張を要求する世論、そして政府の政策的・財政的支援によってアメリカでエア・パワーが発展すると予言した。

二〇世紀初頭、アメリカ陸軍の一部門として誕生した航空部隊は、第一次世界大戦に参戦したが、航空機の運用については、模索するに止まった。

第一次世界大戦後、平和が到来し、軍事予算が削減されて、航空部隊には冬の時代が訪れたが、この間、来るべき次の世界大戦に備えて、指導者の養成、航空戦略の確立、航空軍事技術の開発を続けた。

第二次世界大戦勃発後、陸軍航空軍は大量の将兵を動員し、高性能航空機を大量生産して連合軍の勝利に貢献した。この間、二万人であった組織は、二二五万人の巨大組織へと成長した。第二次世界大戦での陸軍航空軍の経験は組織としての成功体験であり、とりわけ、一貫して陸軍航空軍のリーダーであったアーノルドの貢献は大きかった。

一九四五年夏、一万メートルの高空を飛翔して日本の空を覆うB-29を見上げた目撃者の多くは、陽光にきらきら光るB-29に強い印象を受けたと証言している。日本は、一万メートルを飛行するB-29を迎撃できる防空戦闘機を開発できなかった。そして、B-29の乗員は、与圧されエアコンがきいた機内で活動していた。それほどB-29に集約された技術は隔絶しており、B-29はまさに「未来から来た航空機」であった。

アーノルドの夢を実現した航空機がB-29であった。日本国民は、B-29の爆撃に加え、昼夜の別なく連日のように制空権を失った日本の空をB-29の大編隊が覆い尽くしていることで、戦意は大きく挫かれた。

陸軍省首席研究官ジョン・ヒューストンは、「アーノルドにとって、東京空襲自体はそれほど重要なことではなく、B-29による対日戦略爆撃がいかに戦争終結に役立ったかを見せつけることが重要であった。その理由は、空軍独立の悲願を達成するため、B-29の活躍で戦争を終結させたかったからであった」と語っている。

アーノルドがB-29の活躍によって空軍独立の悲願を託したのが、第二一爆撃軍司令官のカーチス・ルメイであった。ルメイはその言動から毀誉褒貶相半ばするが、第二次世界大戦後は、折からの米ソ冷戦を追い風として、アメリカ空軍の要職を歴任した。在欧アメリカ空軍司令官としてベルリン危機での空輸作戦を指揮して名声を上げ、一九四八年から一九五七年まで戦略空軍司令官を務めて冷戦の最前線で奮闘した。そして、朝鮮戦争で大きな役割を果たした。ルメイは朝鮮戦争について、「我々は朝鮮の北でも南でも全ての都市を炎上させた。我々は一〇〇万以上の民間人を殺し、数百万人以上を家から追い払った」と相変わらずの不躾な発言をしている。

しかし、ルメイは一介の武弁ではなかった。その後ワシントンに戻り、空軍参謀次長を経て、ケネディ政権時代の一九六一年に空軍参謀総長に就任している。米ソ冷戦最中のワシントンの激しい政治を乗り切って空軍参謀総長まで累進したことは、並みの政治力ではない。

太平洋戦争ではアメリカの物量に負けたといわれるが、アメリカは単に兵器の量で枢軸国を凌駕したわけではなく、B-29のような技術集約型の巨大兵器を大量に生産するマネジメント能力で枢軸国を打ち負かしたのである。核兵器の製造もまたしかりである。

精密機械である航空機の維持と整備には手間暇がかかる。パイロットや整備員にも高い技術と経験が必要とされる。しかし、最も重要なことは、航空戦で勝利するには、最前線に常に敵を上回る数の航空機を集中させることが必要なのである。このことは、ランチェスターの第二法則（集団戦の法則）で証明されており、性能が同一であれば、数において優位な側が勝利する傾向にある。そして、数の差が開けば開くほど圧勝する。

アーノルドが実行した「大量生産」、「費用対効果」、「効率」を重視する思想は、アメリカの歴史と国民性に求められる。このことについて、識者は次のように指摘する。

「アメリカ軍の特質は、作戦思想、兵器の設計、補給組織、情報収集にいたるまで戦争全般に貫かれた合理主義である。結果として、最小の人的コストで効率よく、迅速、完全に敵を撃破する工学的戦争観を生み出した」（永井陽之助）

「軍事的には、技術への依存、情報の重視、火力の重視、物量による圧倒、攻勢作戦への傾倒、人的被害の局限、そして敵を殲滅する全面戦争指向である」（コリン・グレイ）

そして、戦争に費用対効果を追求して、敵に最大の効果を求めるとともに、味方の人的被害を局限しようとするアメリカの「工学的戦争観」を体現しようとしたのが精密爆撃戦略であり、精密爆撃こそがアーノルドが求めた「アメリカ流の戦争方法（American Way of Warfare）」であった。

一方、本書で説明しているように、アーノルドを始めとする「アメリカ流の戦争方法」の実行者達は、戦略爆撃を受けて焼け出される無辜の民の悲惨さや大量殺戮について驚くほど冷静で、かつ感情移入しない。無視しているといっても良いであろう。彼らは、彼らの行為がどれほど悲惨な結果を招こうとも忖度せず、軍事的勝利を求めて命令を愚直に遂行するのみである。それは、対独戦略爆撃ではドレスデン大空襲、対日戦略爆撃では東京大空襲であった。このアメリカ陸軍航空軍のリーダー達に共通する特有の精神性も工学的戦争観の特徴である。

戦間期、各国で航空作戦の模索が続いたが、大きなトレンドの一つであった、戦術航空作戦は、ドイツ軍が機甲部隊と急降下爆撃機を連携させた作戦ドクトリンを開発し、一九四〇年五月のフランス電撃戦という実戦で成功させた。もう一つのトレンドであった、レーダー、防空指令所、迎撃戦闘機をネットワーク化した防空作戦ドクトリンも、イギリス空軍が一九四〇年夏のイギリス本土防空戦という実戦で成功させた。軍事ドクトリンは、実戦での勝利による成功がすべてである。

アーノルドは、大型爆撃機による昼間高々度爆撃ドクトリンにこだわっていた。対価値戦略による無差別爆撃は、第二次世界大戦で彼我双方に大きな犠牲を払いながら実証できなかった。しかし、戦後、核戦略として再生した。核戦略理論家バーナード・ブロディは、新たに核戦略を構築する際、ジウリオ・ドゥーエの『制空論』からヒントを得ている。

対兵力戦略を遂行するための精密爆撃も、アメリカ空軍のドクトリンとして生き残り、湾岸戦争で実証された。湾岸戦争では、目標の選定に関し、ジョン・ワーデン大佐が新たに開発した「5リングモデル」

が採用され、勝利に貢献している。

ミッチェル、アーノルド、スパーツ、エイカー、ルメイが実行したアメリカ陸軍航空軍の航空戦略思想は、今日もアメリカ空軍に生き続けているのである。

私にとってアメリカ陸軍航空軍とアーノルドの研究が進んだのは、二〇〇八年三月にアラバマ州マックスウェル空軍基地の空軍大学を訪問してからである。空軍大学では、関連書籍を入手するとともに、フェアチャイルド図書館でアメリカ陸軍航空軍の作戦計画や将軍たちのオーラルヒストスリー等約八〇〇〇頁に及ぶ資料と約三〇〇枚の航空機や人物の写真を入手した。さらに、航空自衛隊幹部学校にアメリカ空軍から交換連絡将校として派遣されていたジェームズ・アルダーマン中佐からも、アメリカ空軍省の許可を得て、資料や写真の提供を受けた。この場を借りて関係者の協力に深甚なる謝意を表したい。

源田　孝

参考文献

《英文文献》

アーノルドの伝記

- Thomas M. Coffey, *Hap: The Story of the U.S. Air Force and the Man Who Built It, General Henry H. "Hap" Arnold* (New York, Viking, 1982)
- Richard G. Davis, *Hap: Henry H. Arnold, Military Aviator* (Washington DC: Air Force Fiftieth Anniversary Commemorative Edition, 1988)
- Major Dik Alan Daso, *Origin of Airpower: Hap Arnold's Early Career in Aviation Technology, 1903-1945* (Alabama, Maxwell Air Force Base, Air University Press, 1994)
- Major Dik A. Daso, *Architects of American Air Supremacy: Gen Hap Arnold and Dr. Theodore von Kármán* (Alabama, Air University Press, Maxwell Air Force Press, 1997)
- Dik Alan Daso, *Hap Arnold and the Evolution of American Air Power* (Washington and London, Smithsonian Institution Press. 2000)
- Major General John W. Hudson, *American Airpower Comes of Age: General Henry H. "Hap" Arnold's World War* II *Diaries Volume1* (Alabama, Maxwell Air Force Base, Air University Press, 2002)
- Major General John W. Hudson, *American Airpower Comes of Age: General Henry H. "Hap" Arnold's World War* II *Diaries Volume2* (Alabama, Maxwell Air Force Base, Air University Press, 2002)

アメリカ陸軍航空軍史

- James J. Hudson, *Hostile Skies: A Combat History of the American Air Service in the World War* I (New York, Syracuse University Press, 1968)

・Wesley F. Graven, James L. Cate, *The Army Air Forces in World War* II (Washington. D.C., Office of Air Force History, 1983)
・Thomas H. Greer, *The Development of Air Doctrine in the Army Air Arm 1917-1941* (Washington D.C., United States Air Force, Office of Air Force History, 1985)
・Robert Frank Futrell, *Idea, Concept, Doctrine: Basic Thinking in the United States Air Force 1907-1960, Volume* I (Alabama, Maxwell Air Force Base, Air University Press, 1989)
・Bernard C. Naity, *Winged Shield, Winged Sword: A History of the United States Air Force, Volume* I, *1907-1950* (Washington D.C., United States Air Force, Air Force History and Museum Program, 1997)
・Stephen L. McFarland, *A Concise History of the U.S. Air Force* (Washington D.C., United States Air Force, Air Force History and Museum Program, 1997)
・Robert T. Finney, *History of the Air Corps Tactical School 1920-1940* (Washington D.C., United States Air Force, Air Force History and Museums Programs, 1998)
・William H. Tunner, *Over the Hump* (Washington D.C., United States Air Force, Air Force History and Museums Programs, 1998)
・Phillip S. Meilinger, *Significant Milestones in Air Force History* (Air Force Centennial of Flight, Commemorative Edition, 2003)
・Daniel L. Haulman, *One Hundred Years of Flight, USAF Chronology of Significant Air and Space Events 1903-2002* (Air University Press, Air Force History and Museums Program, 2003)

アメリカ陸軍航空軍の指揮官

・William Mitchell, *Our Air Force: The Keystone of National Defense* (New York, E. P. Dutton & Company, 1921).
・William Mitchell, *Winged Defense: The Development and Possibilities of Modern Air Power-Economic and*

Military (New York and London, G. P. Putnam's Sons, 1925)
- William Mitchell, *Memoirs of World War I: From Start to Finish of Our Greatest War*, (Connecticut, Westport, Greenwood Press, 1928).
- William Mitchell, *Skyways: A Book on Modern Aeronautics* (Philadelphia and London, J. B. Lippincott Company, 1930).
- Isaac Don Levine, *Mitchell: Pioneer of Air Power* (New York, Duell, Sloan and Peace, 1943).
- Alfred F. Hurley, *Billy Mitchell: Crusader for Air Power* (Bloomington, London, Indiana University Press, 1964).
- Burke Davis, *The Billy Mitchell Affair* (New York, Random House, 1967).
- General Curtis E. Lemay with MacKinlay Kantor, *Mission with Lemay: My Story* (New York, Doubleday & Company, 1965)
- Dewitt S. Copp, *A Few Great Captains: The Men and Events that Shaped the Development of the U.S. Air Power* (New York, Doubleday, 1980)
- James Parton, *Air Force Spoken Here: General Ira Eaker & the Command of the Air* (Maryland, Adler & Adler, 1986)
- George C. Kenny, *General Kenney Report: A Personal History of the Pacific War* (Washington, D.C., Office of Air Force History United State Air Force, 1987)
- Martha Byrd, *Chennault: Giving Wings to the Tiger* (Alabama, The University of Alabama Press, 1987)
- Mark A. Stoler: George C, *Marshall: Soldier-Statesman of the American Century* (New York, Twayne Publishers, 1989)
- Ed Cray, *General of the Army: George C, Marshall Soldier and Statesman* (New York, Cooper Square Press, 1990)
- Wayne G. Johnson, *Chennault's Flying Tigers* (Kentucky, Turner Publishing Company, World War Ⅱ

Fiftieth Anniversary, 1996)
・John L. Frisbee, *Makers of the United State Air Force* (Washington D.C., United States Air Force, Air Force History and Museums Program, 1996)
・Martha Byrd, *Kenneth N. Walker: Airpower's Untempered Crusader* (Alabama, Air University Press, Maxwell Air Force base, 1997)
・David R. Mets, *Master of Airpower: General Carl A. Spaatz* (Presidio Press, The Aerospace Education Foundation and The Air Force Historical Foundation, 1997)
・Charles Griffith, *The Quest: Haywood Hansell and American Strategic Bombing in World War* II (Air University Press, Maxwell Air Force base, Alabama,1999)
・Robert S. Norris, *Racing for the Bomb: General Leslie R. Groves, The Manhattan Project's Indispensable Man* (Vermont, South Royalton, Steerforth Press, 2002)
・Douglas Waller, *A Question of Loyalty: Gen. Billy Mitchell and the court-martial that gripped the nation* (New York, Harper Collins Publishers, 2004).

《邦文文献》

・レスリー・R・グローブス『原爆はこうしてつくられた』冨永謙吾・実松譲訳、恒文社、一九六四年。
・マーチン・ケーディン『日米航空戦史』中条健訳、経済往来社、一九六七年。
・カール・バーガー『B-29、日本本土の大爆撃』中野五郎、加登川幸太郎訳、産経新聞出版局、一九七一年。
・航空ジャーナル別冊『太平洋航空戦』航空ジャーナル社、サイクロン七号、一九七七年。
・福田茂夫『第二次大戦の米軍事戦略』中央公論社、一九七九年。
・エドワード・ミール・アール編『新戦略の創始者（下）』山田積昭他訳、原書房、一九七九年。
・浄法寺朝美『日本防空史』原書房、一九八一年。
・デイヴィッド・ニーブン『空の空軍力を築く』タイム・ライフ・ブックス編集部編、木村秀政監修、手島尚・小秋元龍訳、タイム・ライフ・ブックス、一九八二年。
・ディヴィット・マンディ、ルイス・ノールズ『第二次世界大戦空戦録一、日米太平洋空戦史』川口靖訳、講談社、一九八三年。
・トーマス・M・コフィ『戦略空軍』手島尚訳、朝日ソノラマ、一九八三年。
・ロジャー・A・フリーマン『第二次世界大戦空戦録三、空の要塞B-17』大出健訳、講談社、一九八四年。
・デンビィッド・アーヴィング『将軍達の戦い　連合国首脳の対立』赤羽龍夫訳、早川書房、一九八七年。
・C・E・ルメイ、B・イェーン『超・空の要塞　B-29』渡辺洋二訳、朝日ソノラマ、一九九一年。
・谷光太郎『アーネスト・キング　太平洋戦争を指揮した米海軍戦略家』白桃書房、一九九三年。
・エドワード・ミラー『オレンジ計画　アメリカの対日侵攻五〇年戦略』沢田博訳、新潮社、一九九四年。
・『世界の傑作機No52、ボーイングB-29』文林堂、一九九五年。
・『世界の傑作機No54、B-24リベレーター』文林堂、一九九五年。
・セオドア・フォン・カルマン、リー・エドソン『大空への挑戦　航空学の父カルマン自伝』野村安正訳、森北出版、一九九五年。
・大谷内一夫『ジャパニーズ・エア・パワー　米国戦略爆調査団報告　日本空軍の興亡』光人社、一九九六年。
・ジョン・コステロ『真珠湾、クラーク基地の悲劇-責任は誰にあるのか』左近允尚敏訳、拝正社、一九九八年。
・マークス・スティーブンス『ハーバードAMPのマネジメント』仁平和夫訳、早川書房、二〇〇一年。
・E・バートレット・カー『東京大空襲、B-29から見た三月十日の真実』大谷勲訳、光人社、二〇〇一年。
・瀬井勝公『戦略論大系⑥ドゥーエ』戦略研究学会、芙蓉書房出版、二〇〇二年。
・「歴史群像」欧州戦史シリーズ19『ドイツ本土防空戦』学習研究社、二〇〇二年。
・柴田武彦、原勝洋『日米全調査　ドーリットル空襲秘話』アリアドネ企画、二〇〇三年。
・源田孝『戦略論大系⑪ミッチェル』戦略研究学会、芙蓉書房出版、二〇〇六年。
・大内健二『ドイツ本土戦略爆撃』光人社、二〇〇六年。
・生井英考『空の帝国　アメリカの二〇世紀』興亡の世界史第一九巻、講談社、二〇〇六年。

・『世界の傑作機、スペシャルエディションVol．4、B-17フライングフォートレス』文林堂、二〇〇七年。
・「歴史読本別冊」『日本大空襲』新人物往来社、二〇〇七年。
・「歴史群像」太平洋戦史シリーズ60『本土決戦』学習研究社、二〇〇七年。
・源田孝『アメリカ空軍の歴史と戦略』ストラテジー選書③、芙蓉書房出版、二〇〇八年。
・鈴木冬悠人『日本大空襲「実行犯」の告白』新潮新書、二〇二一年。
・スティーヴン・E・アンブローズ『ワイルド・ブルー、米爆撃隊、死の蒼穹』鈴木主税訳、源田孝監訳・解説、早川書房、二〇〇二年。
・フランク・レッドウィッジ『シリーズ戦争学入門　航空戦』石津朋之シリーズ監修、矢吹啓訳、創元社、二〇二二年。

著者
源田　孝（げんだ たかし）
1951年生まれ。元防衛大学校教授、元空将補。戦略研究学会監事、軍事史学会監事。
防衛大学校航空工学科卒業、早稲田大学大学院公共経営研究科公共経営修士（専門職）修了。
著書に『アメリカ空軍の歴史と戦略』（芙蓉書房出版）。訳書に『戦略論大系⑪ミッチェル』（芙蓉書房出版）、『エア・パワーの時代』（芙蓉書房出版）、『ノモンハン航空戦全史』（芙蓉書房出版）、『ワイルド・ブルー 米爆撃隊 死の蒼穹』（早川書房）、『ロシア戦闘機 SUKHOI』、（ニュートンプレス）等がある。

アーノルド元帥と米陸軍航空軍

2023年5月24日　第1刷発行

著　者
源田　孝（げんだ たかし）

発行所
㈱芙蓉書房出版
（代表 平澤公裕）
〒113-0033東京都文京区本郷3-3-13
TEL 03-3813-4466　FAX 03-3813-4615
http://www.fuyoshobo.co.jp

印刷・製本／モリモト印刷

ISBN978-4-8295-0862-6